二間瀬敏史
東北大学大学院教授

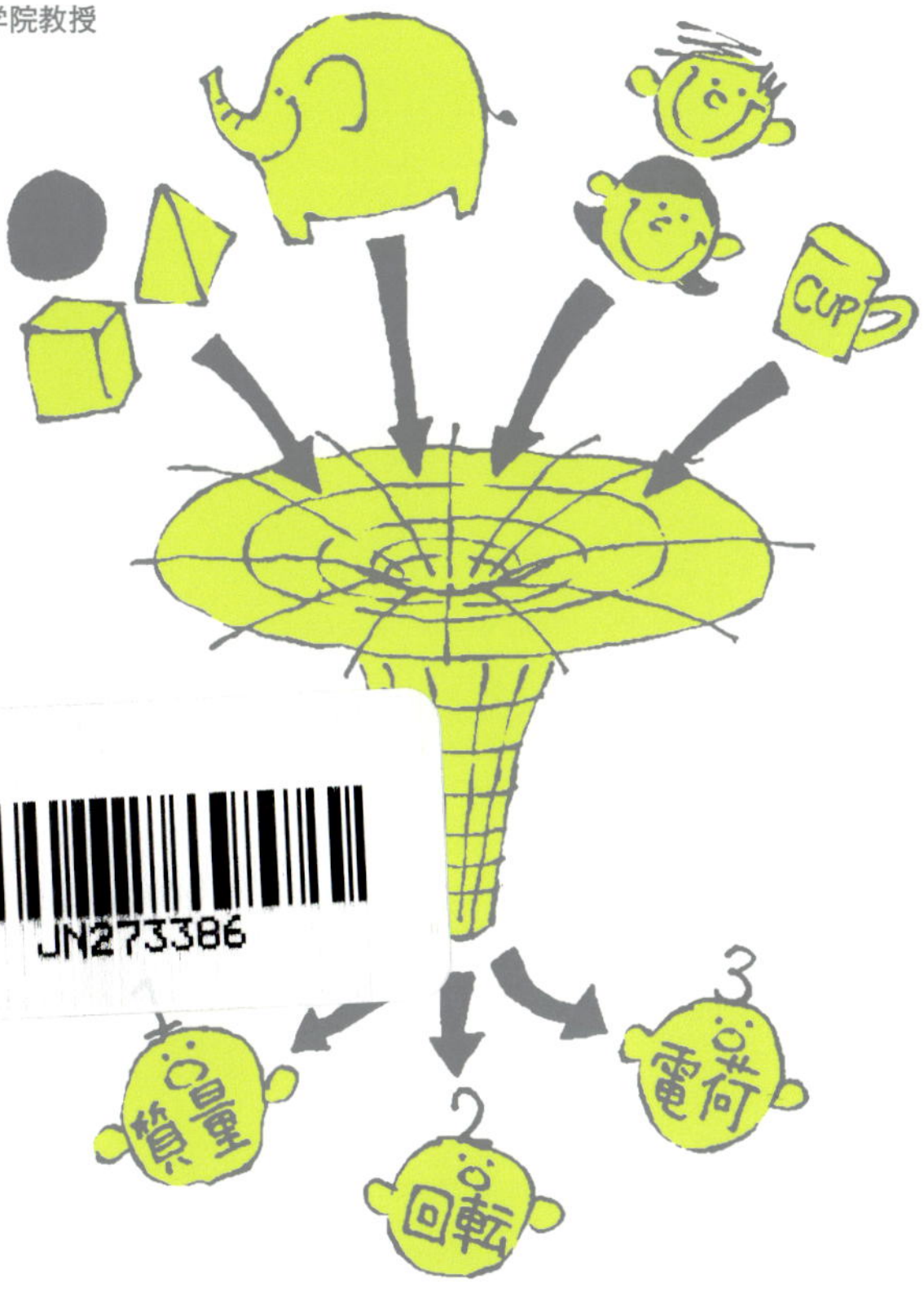

ブラックホールに近づいたらどうなるか？

さくら舎

はじめに

私たちの天の川銀河の中心には、太陽の重さの約４００万倍の超巨大ブラックホールが存在していると考えられています。２年ほど前から、このブラックホールに世界中の天文学者たちの注目が集まっていました。

というのは、ヨーロッパ南天天文台の８メートル望遠鏡によって、銀河中心に向かって落下している、地球の重さの数倍の質量をもった巨大なガス雲が発見され、つづく観測によって、このガス雲がブラックホールに引き伸ばされながら近づいていることがわかったからです。そして、２０１３年夏頃にブラックホールに最接近すると予想されました。

その予想どおり、２０１３年7月の観測によって、１６００億キロメートルにも引き伸ばされたガス雲の先端がブラックホールから２５０億キロメートルの距離（太陽と海王星の距

離の約5倍）まで近づき、そしてブラックホールの重力によって振り飛ばされ、時速１００
０万キロメートルという超高速で遠ざかっていることが確認されました。

このガス雲の一部は２０１４年春にはブラックホールに飲み込まれ、このとき爆発的に輝くことが期待されています。この現象はガスが飲み込まれるたびに起き、ブラックホールの正体が浮かび上がってくるでしょう。

そして史上初めてブラックホールの直接的な証拠が得られ、ブラックホールの研究は大きく進むことでしょう。

そもそもブラックホールとは何でしょう。ブラックホールはどうしてできるのでしょう。ブラックホールの中には何があるのでしょう。

ブラックホールという言葉は日常会話でも使われるほどよく知られていますが、実際にどんなものなのかはあまり伝わっていないのではないでしょうか。

近年、ブラックホールの研究が進み、その意外な姿が明らかになってきました。そのほかにも、ブラックホールはクェーサーやガンマ線バーストといった、さまざまな天体現象に重要な役割を果たしていることが、いまや天文学の常識になっています。

ブラックホールの重要性は天文学にとどまりません。時間とは何か、空間とは何か、そして物質とは何かといった物理学の究極の謎と深く関係しているのです。物理学の言葉でいえば、この謎は素粒子よりももっと小さなミクロの法則である「量子重力理論」とは何かということです。

ミクロの世界は、じつはアインシュタインが導いた古典的な重力の理論（一般相対性理論）だけでは解明できない不思議な世界です。それを補う量子論（量子力学）という新たな理論が生まれました。

そしてこの異質な2つの理論を合体させようとするものが「量子重力理論」です。この理論が完成すれば、先に述べた物理学の究極の謎だけでなく、宇宙誕生の謎も明らかになると期待されています。

量子重力理論は1930年代から研究されてきましたが、いまだ正しい理論がわかっていません。現在、もっとも有望視されているのは「超弦理論（超ひも理論）」というものです。幾多の天才たちが挑戦してきて成功していないこの謎を解く鍵を、じつはブラックホールが握っているかもしれないのです。

この本は宇宙の中のブラックホール、ブラックホールと量子重力理論とのかかわりなどブラックホールにまつわるさまざまな話題を、その歴史から最先端の話題までやさしく解説したものです。

本書を読んで、ブラックホールと宇宙について思いを馳《は》せていただければ幸いです。

東北大学大学院教授　二間瀬《ふたませ》敏史《としふみ》

目次★ブラックホールに近づいたらどうなるか？

第1章　ブラックホールの存在証明

第2章　ご近所のブラックホールを訪ねる

第3章　ブラックホールの上手な見つけ方

第5章　ミクロの世界のすごいブラックホール

ブラックホールに近づいたらどうなるか？

プロローグ　ブラックホールの質問箱

仙台市天文台の２０１２年夏の企画で、私も少しかかわったブラックホール特集がありました。

この企画には質問箱というものがあって、小学生から大人の方までたくさんの質問が集まりました。まずそのなかのいくつかの質問に簡単に答えることから、ブラックホールに近づいていきましょう。

●ブラックホールに入ったらどうなる？

ブラックホールに入ったら、どんなにあがいても外の世界に戻ることはできません。いったんブラックホールに入ってしまったら、逃げ出すことはおろか、止まっていることすらできません。中心に向かってどんどん落ちていき、それにつれて重力も強くなり、引き伸ばされてバラバラになってしまうでしょう。

●ブラックホールの色は本当に黒い？

物が見えるということは、物から光が出てきたり、反射するからです。光の波長によってさまざまな色に見えます。たとえば赤く見える場合、それはある特定の波長の光を目が受け取ったからです。物から何も出てこなければ、見えません。見えないから黒いというのです。

●ブラックホールに触れることができる？

触れられません。ブラックホールの表面は何か膜《まく》のようなものだと思うかもしれませんが、そうではありません。何も目印はありません。ただの空間です。しかし手を差し入れたら最後、手を抜くことはできません。

●ブラックホールは本当にある？

本当にあります。それもたくさんあります。私たちの銀河系（天の川銀河）の中にもほかの銀河系の中にもたくさんあります。

●ブラックホールの中には何がある？

じつはこの質問に正しく答えることはできません。わからないのです。しかし物質が詰まっているということはありません。

●ブラックホールはなぜできる？

星が丸いのは、星をつくっている物質がどれも中心方向に引っ張られているからです。引っ張る力は重力です。それでも星がつぶれないのは、重力に対抗する力が外向きに働いているからです。外向きの力がなくなると星はつぶれていきます。

太陽の30倍以上も重たい星は、外向きに働く力がどんなものであっても、重力のほうが強くなってつぶれてしまいます。そしてブラックホールになるのです。重力があるから、ブラックホールができるのです。

●いちばん大きなブラックホールといちばん小さなブラックホールは？

銀河の中心には超巨大質量のブラックホールがあります。私たちの天の川銀河には太陽の約400万倍の質量のブラックホールがありますが、M87という銀河の中心には太陽の60億倍の質量をもったブラックホールがあると考えられています。もっと重たいブラックホールも存在するという研究者もいます。

小さいブラックホールが存在するのかどうかはまだわかっていませんが、理論的にはミニブラックホールといって、原子よりもさらに小さい素粒子《そりゅうし》くらいのサイズの小さなブラックホールがあるかもしれません。

第1章　ブラックホールの存在証明

重力が強すぎる星を考えてみたら……

18世紀の末、ヨーロッパで、2人の賢人がほぼ同時に同じことを考えていました。1人はイギリスの牧師ジョン・ミッシェル、もう1人はフランスの哲学者ピエール・シモン・ラプラスです。彼らはもし重力がとても強い星があったとしたら、どんなふうに見えるかを考えていたのです。

重力とは、たとえば私たちを地球に引きつけておく力です。あらゆる物体はお互いに重力で引きつけあっています。あなたとあなたの隣に座っている人の間にも、重力が働いています。

隣の人ばかりではありません。あなたのまわりのすべてのものの間に重力は働いています。それどころか、宇宙の果てにある小さな星とあなたの間にも重力は働いているのです。

ただしその力はとてもとても弱く、またお互いの距離が離れれば離れるほど小さくなっていきます。だから隣の人との間や宇宙の果ての小さな星との間の重力を感じないのです。

しかし、地球の場合は別です。地球には莫大《ばくだい》な物質が詰まっていて、そのすべてがあなたを引っ張っています。だから地球からの重力を感じるのです。**重力を感じるのは莫大な質量をもった物体のまわりだけ**なのです。

このような重力の理論は、17世紀にイギリスの天才ニュートンが考え出していました。この理論は地球があなたを引っ張ることだけを説明するわけではありません。太陽が地球を引っ張り、地球が月を引っ張ることも説明します。この重力=引力のおかげで、地球は太陽のまわりを、月は地球のまわりをくるくる回っているのです。

太陽系の惑星《わくせい》や衛星ばかりではありません。太陽のような恒星《こうせい》が1000億個も集まった銀河の運動も、重力が支配しています。そして、宇宙がどのように膨張《ぼうちょう》しているかも重力が支配しているのです。

重力の性質はニュートンによって解き明かされ、20世紀に入ってアインシュタインによってさらに深く理解されましたが、その本当の姿はじつは現在でもよくわかっていません。この**重力こそ、ブラックホールの真の姿を解き明かす鍵**なのです。

このニュートンの重力理論にもとづいて、ミッシェルとラプラスは重力がとても強い星を考えました。そして、とても不思議なことを見つけたのです。

光の進む速度は秒速約30万キロメートル（1秒の間に地球を7周半する）と、とてつもなく速いのですが無限ではない、ということを認めれば、彼らの見つけたことはすぐわかります。

ボールを力いっぱい真上に投げることを考えてください。速い速度で投げれば投げるほど、高く上がり、そして落ちてきます。秒速11キロメートル（時速にすると約4万キロメートル）よりも速い速度で投げれば、地球の重力を振り切って宇宙空間に飛び出していきます。地球の重力を振り切って宇宙に飛び出すギリギリの速度のことを「地球の脱出速度」といいます。では、地球よりもっと重力が強い星の場合はどうでしょう。

たとえば太陽の表面からの脱出速度は、秒速618キロメートル、時速にして2223万キロメートルにもなります。重力が強ければ強いほど、大きな脱出速度が必要です。そして、ついに光の速度が脱出速度になるような重力が強い星を考えることができるでしょう。

正確にいうと、秒速30万キロメートルより少しでも遅ければ引きずり込まれ、少しでも速ければ逃げ出せます。では、ちょうど秒速30万キロメートルの場合はどうなるのでしょう。この場合は引きずり込まれもしない代わりに、表面にとどまることになります。**光さえその星の表面から逃げ出せない星**です。

物を見るということは、そこから出た光を目が受け取るからです。したがって光が出てこ

重力＝質量をもつすべての物質に働く力
でも重力を感じるのは、莫大な質量をもった物体のまわりだけ。

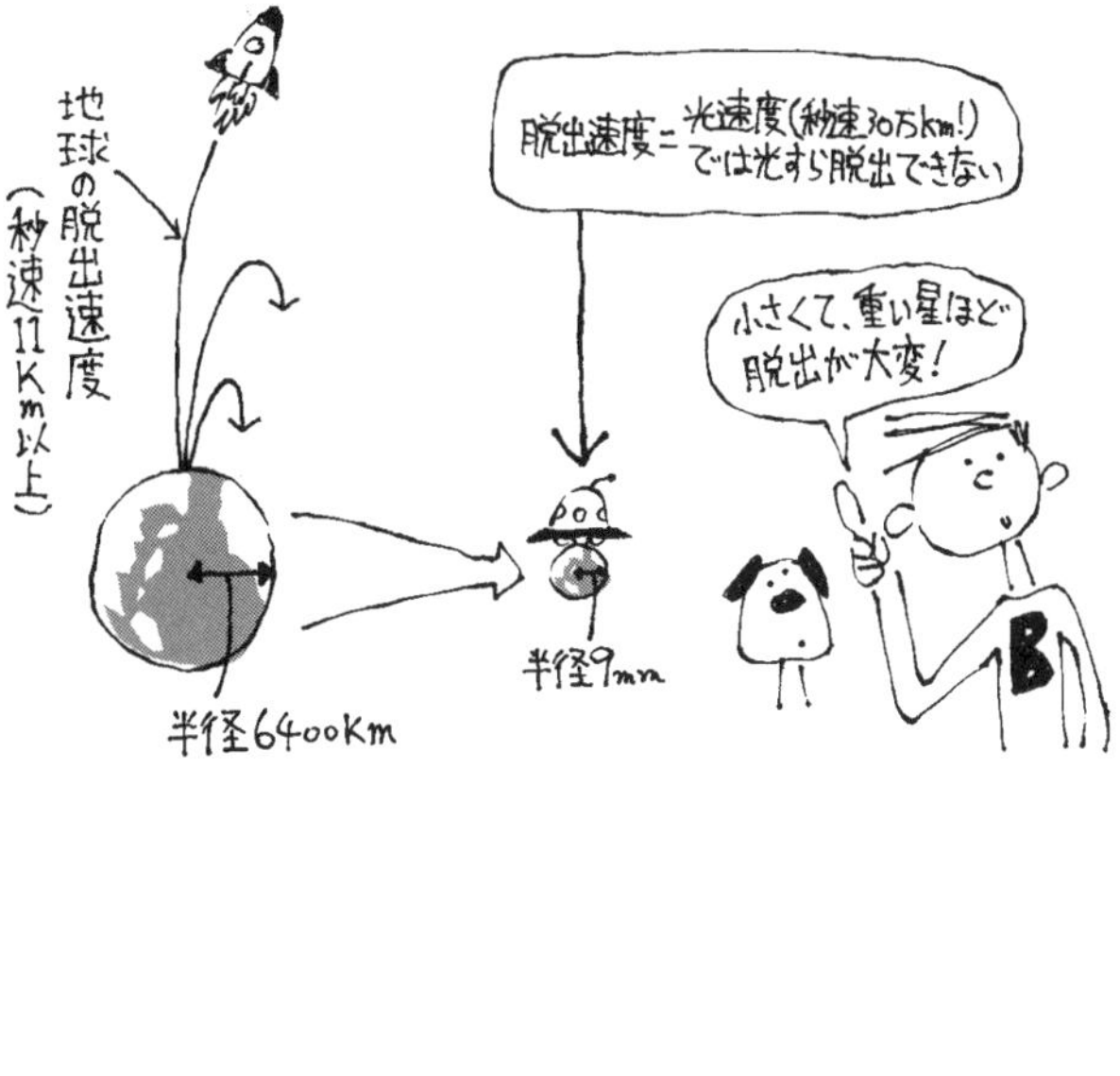

ないので、その星を見ることができません。

では、そのような星はどんな星でしょう。重力が強いのでとても重たい星です。太陽表面からの脱出速度が秒速６１８キロメートルでしたから、太陽よりももっともっと重たい星だと思うかもしれません。じつは**重力の強さは重さだけでは決まりません。大きさも問題です。重さをそのままにして大きさをギューッと小さくすると、表面での重力は強くなる**のです。

たとえば太陽くらいの重さの星でも、重さをそのままにして大きさを半径約３キロメートル（現在の太陽の半径は約70万キロメートルですから、その23万分の１ほど）にすれば、表面からの脱出速度は秒速約30万キロメートル（光速度）になります。

太陽の１００万分の１の重さしかない**地球でさえ、**重さをそのままにして大きさを１００万分の１、すなわち**半径9ミリメートルの球に縮めてしまえば、表面からの脱出速度は光速度になってしまいます。**光すらこの地球からは逃げ出せません。これがミッシェルとラプラスの考えたことで、実際のブラックホールの表面で起こっていることです。

しかし、実際のブラックホールは彼らの考えた以上に不思議な存在なのです。それを予言するにはニュートンの重力理論では不十分で、アインシュタインの登場を待たなければなりませんでした。

不思議な吸い込まれ方

ニュートンとアインシュタインには決定的な違いがあります。その違いとは、光の速さの扱い方です。

ニュートンは光に非常に興味をもっていました。光学という分厚い教科書も書いています。現在の大望遠鏡につながる反射望遠鏡の原理を発明して、自分でつくったりもしています。しかしその速度については、非常に速いというだけでなんら特別な意味を見出《みいだ》しませんでした。

アインシュタインにとって、光の速度は特別な意味をもっていました。それは**光の速度を超えて運動する物体は存在しない**ということです。**光の速度は絶対的な最大速度**なのです。ニュートンの時代にはそんなことを考えた人は誰もいませんでした。そして、このことから「ブラックホールのまわりで時間が凍《こお》りつく」ことがわかるのです。

光よりも速く運動する物体がないとすると、ミッシェルとラプラスの考えた星では何が起こるでしょうか。彼らが考えたのは、星の重力を振り切って逃げ出すことができる速度（脱出速度）が光速度になる星でした。このことをもう少し考えてみましょう。

脱出速度が光速度ですから、光の速度をほんの少しでも超えると外に逃げ出せて、ほんの少しでも遅ければ中心に引きずり込まれてしまう、ということです。でも、**どんな物体も光速より遅いので、星をつくっている物質は必ず中心に向かって落下する**ことになります。ミッシェルとラプラスの考えた星は普通の星ではないことがわかるでしょう。そう、この星がブラックホールです。

ブラックホールの表面は、表面という言葉から連想されるような、内側には物質が詰まっていて外側は何もない境界ではないのです。境界が強《し》いてあるとすれば、それは光そのものです。**光の境界、それがブラックホールの表面**です。

変な表面ですね。では内側はどうなっているのでしょう。内側ではさらに重力が強く、脱出速度は光速度を超えます。ブラックホールの内側で中心から一定の距離を保っておくためには、光速度以上の速さで外向きに走っていなければなりませんが、そんなことは不可能です。こうしていったんブラックホールに入った物体はどんなものであろうと、必ず中心に向かって落ちていく運命をたどるのです。

ブラックホールの中は何かがびっしり詰まっているわけではなく、その中心以外には何も

ブラックホールの表面は
光の境界
CUP

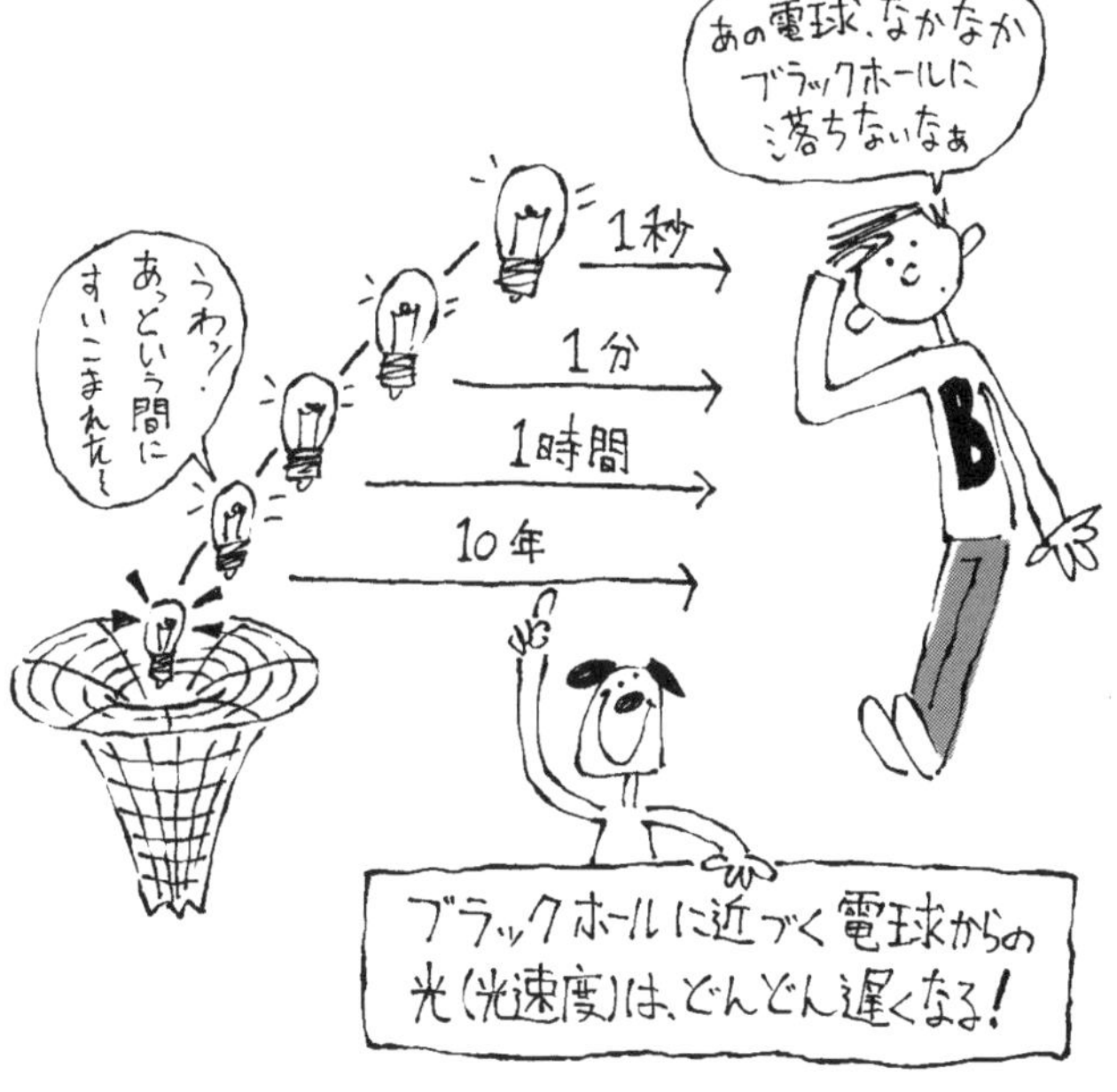
あの電球、なかなか
ブラックホールに
落ちないなぁ
うわっ！
あっという間に
すいこまれた〜
1秒
1分
1時間
10年
B
ブラックホールに近づく電球からの
光（光速度）は、どんどん遅くなる！

存在しません。どんな物体であろうと、強い重力でスパゲッティのように中心に向かって引き伸ばされて、最後は中心に落下することになるのです。

今度は私たちがブラックホールから遠くにいて、物体がブラックホールに落下していくのを眺《なが》めてみましょう。話を簡単にするため、物体は1秒ごとに点滅する電球にしましょう。電球がブラックホールに近づくにつれ、電球から外向きに出た光はブラックホールの強い重力に引っ張られて速度が遅くなります。したがって、その光が私たちのところに届くまでの時間は、だんだん長くなります。光を受け取る時間間隔も、たとえば1秒、10秒、1分、1時間、1年、10年という感じでどんどん長くなっていきます。

1秒が10年に対応するなんて本当でしょうか？本当です。1年どころかもっと長くなります。

次のような極端な場合を考えてみましょう。電球がブラックホールの表面に吸い込まれる直前1秒前と、吸い込まれる瞬間に出た光がどうなるか、です。

1秒前に出た光はとてもとても長い時間かかって私たちに届きます。一方、吸い込まれる瞬間、つまりちょうど電球がブラックホールの表面に着いたときに出た光は、表面にとどまっているのでいつまでたっても私たちに届くことはありません。電球の１秒が、私たちにとっては無限の時間間隔になってしまうのが納得できるでしょう。

私たちはいつまでたっても、電球がブラックホールの表面に着いた瞬間を見ることができません。**外から見ていると、ブラックホールに落ちるには無限に長い時間がかかりますが、落下するほうにとってはそんなことはありません。あっという間にブラックホールの中に吸い込まれてしまいます。**この無限の時間間隔のギャップこそ、ブラックホールの表面の特徴です。

ブラックホールに飲み込まれたすべての物体は、中心の１点に集中します。次から次へと物質が落ちてきて、中心はギュウギュウ詰めです。中心ではとんでもないことが起こっていそうですね。実際にとんでもないことが起こっています。

この話はもう少し後でするとして、その前にこんな不思議なブラックホールというものの存在を、誰がどのようにして明らかにしていったのかという話をしましょう。これにはいろいろと面白い話があるのです。

星がつぶれたらどうなる?——白色矮星《はくしょくわいせい》の謎

1930年、イギリス領であったインドからイギリスに向かう船上にスブラマニヤン・チャンドラセカールという19歳のインド人の天才天文学者が乗っていました。船の上で2年前の、人生の転機となったことを思い出していたのかもしれません。

2年前、17歳だったチャンドラセカールは、当時の高名なドイツの物理学者ゾンマーフェルトがインドを訪問した際、滞在していたホテルに押しかけて面会を申し入れました。そして当時の物理学の状況についてくわしく知る機会を得たのです。それに触発されていっそう勉学に励んだチャンドラセカールは、19歳で学位を取り、めでたくケンブリッジ大学の大学院に入ることになったのでした。

航海の間、チャンドラセカールはケンブリッジへの手土産《てみやげ》としてある問題について考えていました。白色矮星《はくしょくわいせい》と呼ばれる、半径が地球ほどしかないのに太陽ほどの重さをもった不思議な星のことです。

この星は重たくて、しかも小さいので、表面からロケットを打ち上げて宇宙に逃げるための速度（脱出速度）はなんと秒速７３００キロメートルにもなります。地球の６６０倍以上です。このような強い重力をどのようにして支えているのでしょうか？　この謎を理解するために、もう少しくわしく説明しましょう。

太陽などの恒星は、その中心部で水素がヘリウムに変わる核融合反応によって莫大な熱を放出し、それが外部に伝わることによって自分自身の重さでつぶれようとする重力を支えています。

では、**核融合反応の燃料を使い果たした星は**どうなのでしょう。白色矮星がまさにそのような星なのです。**重力に対抗する圧力がないので、星はギューッと縮まっていきます。**すると中心部の密度が高くなり、物質を構成する粒子《りゅうし》同士が狭いところに閉じ込められてしまいます。

すると粒子（この場合は電子）が激しく運動をはじめ、「縮退圧《しゅくたいあつ》」と呼ばれる圧力が生じます。まさにそのことは2年前、ゾンマーフェルトから聞いた新しい物理学の帰結なのです。その物理学とは「量子力学《りょうしりきがく》」といって、素粒子《そりゅうし》などミクロの世界で成り立つ法則です。**白色矮星の重力を支えているのは、この縮退圧なのです。**

ちなみにゾンマーフェルトは、この量子力学の創始者の1人であるドイツの理論物理学者ハイゼンベルグの先生です。

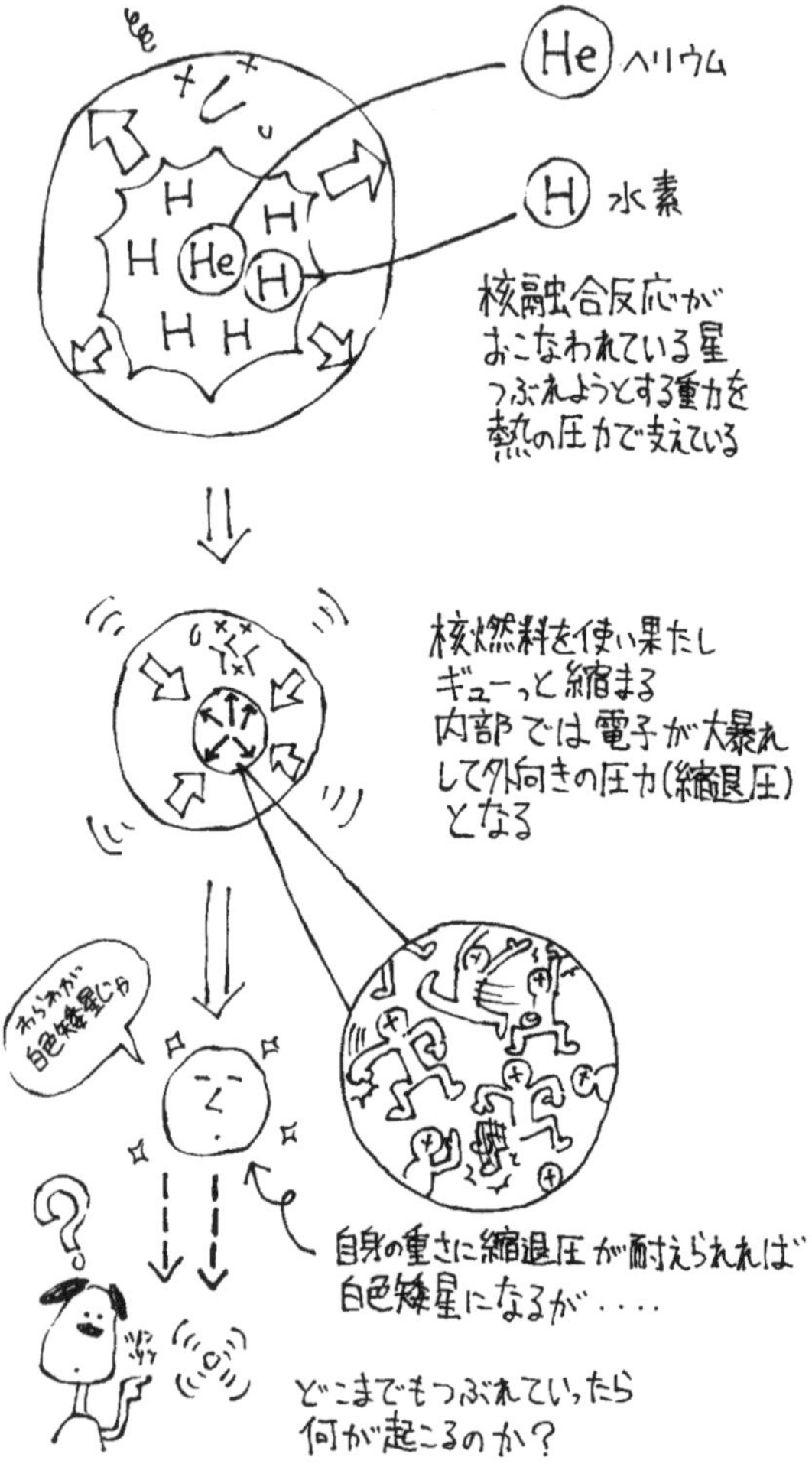

He ヘリウム
H 水素
核融合反応が
おこなわれている星
つぶれようとする重力を
熱の圧力で支えている
核燃料を使い果たし
ギューっと縮まる
内部では電子が大暴れ
して外向きの圧力（縮退圧）
となる
わらわが白色矮星じゃ
自身の重さに縮退圧が耐えられれば
白色矮星になるが・・・・
どこまでもつぶれていったら
何が起こるのか？

チャンドラセカールは、白色矮星の内部の構造をくわしく計算してみようと思いました。当時すでに、白色矮星が電子の縮退圧で自分自身の重さを支えていることはわかっていました。ただ、電子の運動の速度は光の速度に比べてそれほど速くない、と思われていました。

このことにチャンドラセカールは疑問をもち、実際に電子の速度を計算してみました。するとその速度は光速度の60パーセントにもなるという結論を得たのです。こんな高速度の運動を扱うには、アインシュタインの相対性理論を使わなくてはなりません。

その結果は、のちに彼にノーベル賞をもたらしました。しかしその結果のあまりの意外さに、彼は次に述べるように、ずいぶんつらい思いをすることになるのです。

権威につぶされた発見

イギリスに着いたチャンドラセカールは、この問題とその結果が誰からも注目されないので、違う問題をテーマに選び博士号を取りました。余談ですが、アインシュタインも相対論が誰にも受け入れられなかったので、違う問題で博士号を取っています。

さて同じ頃、白色矮星に興味をもっていた人がいました。この人こそ当時の天文学の大御《おおご》所《しょ》、イギリスの天体物理学者エディントンです。エディントンの得た答えは、チャンドラセカールと正反対だったのです。

チャンドラセカールの得た結果とは、**ある重さ以上の白色矮星は、自分自身の重さに耐えることができず際限なくつぶれていく**というものでした。これを認めると、つぶれた結果何が起こるのかということを問題にしなければなりません。つまり、これはブラックホールの存在を導くことになる重要な指摘だったのです。

それに対してエディントンは、けっしてそんなことは起こらない。自然界はそんなことを起こさないと妄信《もうしん》していました。エディントンとチャンドラセカールとの間に確執が生まれました。

あるときにはこんなことがありました。学会でチャンドラセカールが自分の研究を発表する機会があり、彼はエディントンにその発表について相談し、準備万端用意しました。エディントンも同じ日に発表する予定でしたが、チャンドラセカールに自分の発表の内容は教えませんでした。

そして発表の日、自分の発表の後にエディントンの講演を聞いたチャンドラセカールは、あまりのことに愕然《がくぜん》としました。エディントンはチャンドラセカールの主張と正反対のことを主張し、聴衆はみなエディントンの権威の前にひれ伏したのです。

チャンドラセカールはヨーロッパにいづらくなり、新天地アメリカに職を求め研究テーマも変えてしまいました。しかしアメリカでその才能を遺憾《いかん》なく発揮し、多くの業績をあげ、長い間アメリカ天文学会の学術雑誌の編集長をつとめました。

そして1983年、チャンドラセカールに星の構造と進化の研究でノーベル物理学賞が与えられたのです。

現在では彼の予言のとおり、この相対論的な効果による圧力で支えられる星の重さには限度があることが確たる事実として認められています。この質量のことは「チャンドラセカール限界質量」と呼ばれていて、理学系の学部でも習うほど基本的な概念になっています。

重力が時空を曲げる

ここで相対性理論について少し説明しておきましょう。アインシュタインの相対性理論には「特殊」と「一般」の2種類があります。特殊は重力理論以外の物理法則を、一般は重力の法則を扱うものです。

先に発表された「特殊相対性理論」は、光の速度は加速度運動をしていないどの観測者が測っても同じ値《あたい》（秒速約30万キロメートル）になり、この値よりも速い運動は存在しないという観測事実が基礎になっています。

それに対して**「一般相対性理論」は、物質（＝エネルギー）は空間を曲げ、時間の進みを遅らせる（このことを「時空（時間＋空間）を曲げる」と表現する）。その原因こそは重力であると考える理論**です。

一般相対性理論が提唱されたのは1915年ですが、当時、この理論を理解できる人はごく少数でした。そのなかの1人が、チャンドラセカールの前に大きく立ちはだかったエディントンだったのです。

エディントンは、日食をもちいた一般相対性理論による光の曲がりの観測を組織したり、当時としては数少ない一般相対性理論の教科書を書いて、この革新的な理論を広めるのに大きな貢献をしました。

ある人がエディントンに「世間では一般相対性理論を理解できる人は3人しかいない、といわれているそうですが」と聞いたとき、彼は「アインシュタインと私と、はてあと1人は誰かね」と答えたというエピソードが示すように、自他ともに認める相対論の大家《たいか》だったのです。

したがってチャンドラセカールの発見が、重力による際限のない収縮をもたらし、最終的には物理法則すら破綻《はたん》してしまうという帰結を十分に認識していたはずです。しかしエディントンは、自然界では物理法則が破綻することはありえない、と固く信じていたのです。

星がもっとつぶれたらどうなる？——シュワルツシルト半径

さて、相対論をつくった張本人のアインシュタインは、チャンドラセカールの研究にどんな反応をみせていたのでしょうか。最初のうちは白色矮星という個々の天文学の問題には、あまり興味をそそられなかったようです。ましてや量子力学がからむとなると、量子力学を信じていなかったアインシュタインが興味をもたなかったのも無理はありません。

量子力学というのは、アインシュタインならずとも誰もが首をかしげる不思議な理論です。なにしろこの理論では、日常経験ではけっしてありえない状況が現実に起こるのです。

たとえば1個の電子は、観測しない限り「ある確率で」「ある場所にいる」ということしかわかりません。

これは、電子はどこかの1ヵ所にいるのだが、見ていないからわからない、ということではありません。**観測していなければ、ある場所に何割の確率、別の場所に何割の確率という具合に、いろいろな場所に同時に存在する**としか考えられないのです。

アインシュタインはこのような理論に激しい拒否反応を示しました。「ある重さ以上の白色矮星は自分自身の重さでつぶれてしまう」というチャンドラセカールの結論は、この量子力学と特殊相対性理論の産物でしたが、アインシュタインは、天文業界で起こっていた論争を真面目に受け取っていなかったのかもしれません。


むしろアインシュタインは、チャンドラセカールよりも十数年前にドイツの天文学者シュワルツシルトが発見したことに関心をもっていました。

シュワルツシルトは、できたばかりの新しい重力の理論を使って丸い星のまわりの空間がどうなっているかを調べたのです。その新しい重力理論とは、1915年にアインシュタインがつくった一般相対性理論でした。


それまでの考えでは、物体と空間は無関係でした。どんなに重たいものを持ってきても、

平坦な空間

ゆがんだ空間

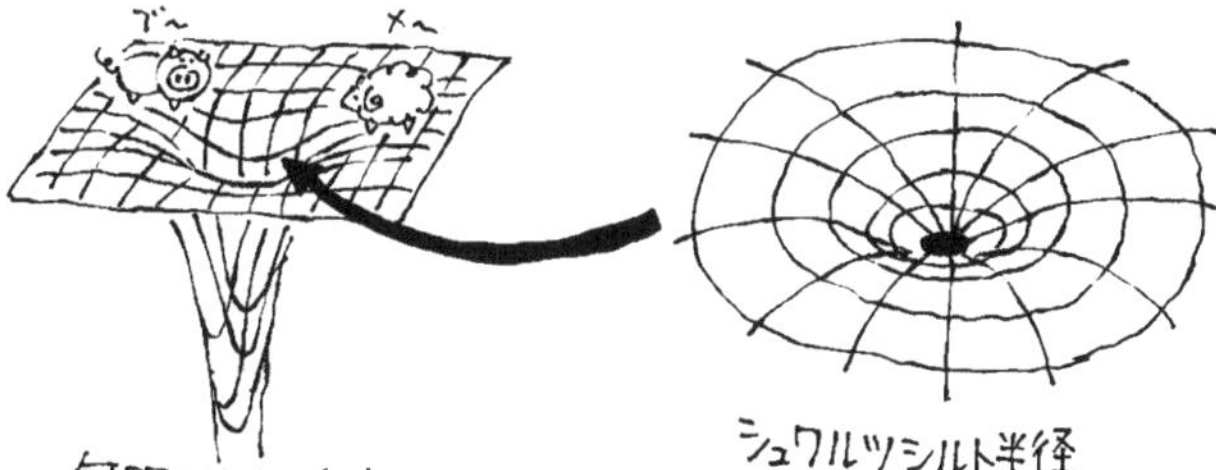

無限にゆがんだ空間

シュワルツシルト半径

天体のシュワルツシルト半径

天体	質量	半径	シュワルツシルト半径
地球	6×10^{24}kg	6400km	0.9cm
太陽	2×10^{30}kg	70万km	3km
白色矮星	太陽質量と同じ	約1万km	3km
中性子星	太陽質量の1.4倍	約10km	4.2km
恒星ブラックホール	太陽質量の10倍	30km	30km

そのまわりの空間は影響を受けることがありません。しかし、アインシュタインの新たな理論では、**ゴム膜《まく》におもりを載せるとへこむように、物体のまわりで空間がゆがむ**のです。

空間ばかりか、時間も物体のまわりではゆっくりと進みます。シュワルツシルトばかりでなく、アインシュタインも同じ問題を考えましたが、難しすぎるのであきらめた問題です。

シュワルツシルトは、**物体がその質量を保ったままギューッと小さくなったとき、空間が無限にゆがむ**ように見えることを発見したのでした。このことは中心からある半径で起こりますが、この半径は**「シュワルツシルト半径」**と呼ばれています。

余談ですが、シュワルツシルトはこの発見をしたその年に、第一次世界大戦に従軍中、病《やまい》に倒れてしまいました。生きていればどれほどの発見をしたでしょう。

アインシュタインの間違い

シュワルツシルト半径は星の質量によりますが、太陽くらいの重さの星では3キロメートルほどです。要するに、太陽が質量を保ったまま半径3キロメートル以下に縮んだときに、初めて空間が無限にゆがむのです。しかし、太陽の重さをもった半径3キロメートルの星など現実にはありえない、と思われていました。

　ここでチャンドラセカールの発見を思い出してください。それはある重さ以上の白色矮星は自分自身の重さに耐えきれずつぶれていく、ということでした。もしそれが本当なら、半径３キロメートルくらいの星をつくることが可能になるではありませんか。すなわちブラックホールです。

　こうして１９３０年代後半には、ブラックホールが現実味をもって議論されるようになってきたのです。しかし、アインシュタインもエディントンも、ブラックホールを受け入れようとはしませんでした。


　アインシュタインはブラックホールが存在しないことを示すために、多くの星が丸い形に集まって中心のまわりを円運動している状況を考えました。そしてその集団の半径をゆっくりと小さくしていってみたのです。

　するとお互いの距離が近づくので重力が強くなり、つぶれるのを防ぐように粒子の速度がどんどん速くなり、遠心力が大きくなってきます。そしていずれ粒子の速度が光速度を超えてしまうことを見出したのです。重力と遠心力はいつもつりあっていて光速度以上の運動は不可能と思いこんでいたので、アインシュタインはブラックホールをつくることはできないと結論づけました。

この結論は間違っています。**アインシュタインは、星の集団がゆっくりとしか小さくならないと仮定していたのです。もし急速に縮まったらどうなるでしょう。**そんな状況を考えるとブラックホールを避けることができなくなるのです。

星がもっともっとつぶれたらどうなる？――重力崩壊

エディントンやアインシュタインなど当時の学界の長老がブラックホールに拒否反応を示していたのをよそに、若手の物理学者は物理学の法則の帰結として、ブラックホールを素直に受け入れました。その代表的な存在がアメリカの秀才中の秀才、ロバート・オッペンハイマーでした。

オッペンハイマーの名前は物理学者としてより原爆の開発者、そして水爆開発の反対者としてのほうが有名かもしれません。オッペンハイマーほど人生の前半と後半で運命の違う人も珍しいでしょう。前半は順風満帆《まんぱん》、後半は中傷誹謗《ちゅうしょうひぼう》の連続でした。

大宮
東京
30km
中性子星
・半径約10Kmなのに
太陽と同じくらいの質量
(1cm³あたりの密度=1億トン)
俺のことだぜ!

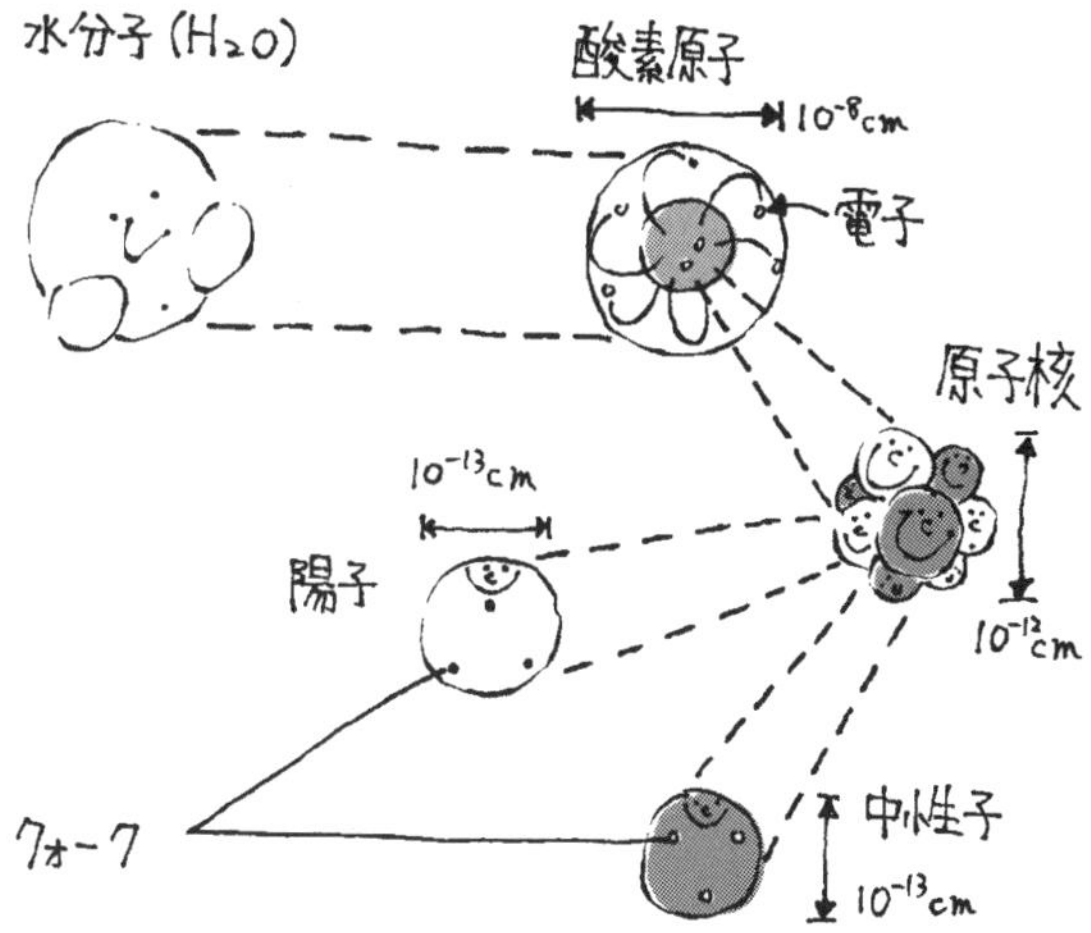
水分子(H_2O)
酸素原子
10^{-8}cm
電子
原子核
10^{-12}cm
10^{-13}cm
陽子
クォーク
中性子
10^{-13}cm

1938年、オッペンハイマーと彼の指導学生ボルコフは、中性子星《ちゅうせいしせい》という白色矮星よりももっとコンパクトな星について研究していました。太陽程度の質量の白色矮星の半径は約1万キロメートルですが、中性子星となるとなんと10キロメートル程度なのです。半径10キロメートルというと、東京駅から大宮までが約30キロメートル、新幹線なら20分ほどですから、だいたいの見当がつくでしょう。こんな狭いところに太陽と同じ質量が詰まっているのです。密度は1立方センチメートルあたり1億トンにも達します。そんな星が宇宙には無数に存在しているのです。

私たちの地球に近いところでは、おうし座の「かに星雲」(地球から7200光年かなた。1光年は光が1年かかって進む距離＝約9兆4600億キロメートル)の中心にあります。この中性子星は1秒間に30回転もしていて、中性子星表面は秒速2000キロメートル、光速度の0・7パーセント程度という猛烈《もうれつ》な速さになっています。

中性子とは素粒子《そりゅうし》の1つで、原子核の構成要素です。原子核のもう1つの構成要素は、プラスの電荷《でんか》をもった陽子《ようし》です。中性子は名前のとおり、電荷をもっていない中性粒子です。中性子の存在は1931年に予言され、翌年には発見されました。そして1933年には中性子の塊《かたまり》の天体、中性子星の存在が予言されたのです。同じ質量の中性子星と白色矮星では、中性子星表面での重力は白色矮星の場合の数十万倍も強いのです。

中性子星はこんな強大な重力をどのように支えているのでしょう。その答えは、チャンドラセカールが与えてくれています。

白色矮星の内部では電子でしたが、**中性子星の内部では中性子が狭いところに閉じ込められ、活発に動き出して、外向きの圧力を生み出す**のです（中性子星ができるとき、陽子は電子を吸い込んで中性子に変わってしまい、陽子や電子はほとんど消えてしまいます）。白色矮星のときがそうだったように、中性子星にも支えられる限界の質量が存在します。

こうしてオッペンハイマーたちは、中性子星が宇宙のどこかに存在していることを示しました。

そしてついにオッペンハイマーは禁断の領域に踏み込みました。**限界質量を超えた中性子星はいったいどうなるのだろう。**彼はスナイダーという学生と一緒に、この問題を考えはじめました。

星がその質量を保ったまま縮まると、同じ質量がより小さい領域に閉じ込められるため表面での重力が強くなり、さらに強い力で収縮しようとします。こうして収縮すればするほど強い力で収縮がつづくのです。

この結果は明らかです。**星は爆発現象を逆回しにしたように、際限なく急激に収縮してしまいます。この現象を「重力崩壊」といいます。**

重力崩壊にはとても不思議なことがあることもわかりました。星の表面は激しいスピードで中心に向かって落下しているのに、この状況を星の外から眺めていると重力崩壊のスピードがだんだんゆっくりしてきて、ある半径で止まってしまうように見えるのです。これはまさにブラックホールの表面で起こっていることです。

当時そんなことは誰も予想していなかったので、大多数の物理学者は半信半疑でした。それは次のような事情があるからです。

重力崩壊が本当に起こるとすると、星をつくっていた物質は際限なく中心の1点に落ち込んでいくことになります。「無限に小さな領域に莫大な物質が詰まってしまったらどうなるのか」——彼らが考えたのは、真ん丸い星がその形を保ちながらつぶれていくという理想的な状況でした。だから中心の1点にすべての物質が集まるのです。

しかし、現実の星は完全な球ということはありません。重力崩壊の過程で球からのずれがどんどん大きくなって、すべての物質が中心の1点に集中することはないでしょう。物質は中心付近ですれ違って、ふたたび宇宙空間に飛び去ってしまい、ブラックホールはできないように思えます。

さらにすべての天体は、大なり小なり回転しています。重力崩壊が進み天体が小さくなると回転はどんどん速くなり、したがって大きな遠心力が現れます。このような場合、物質が1点に縮むとは考えられません。

オッペンハイマーたちが考えた丸い形を保ったまま重力崩壊が起こるという仮定は、現実にはありえない理想的な状況にすぎません。では、現実に起こる重力崩壊によって、本当にブラックホールができるのか——これは当時、誰にも予測がつかなかったのです。

この問題が解決されて本当にブラックホールができることが示されるのは、1960年代に入ってからのことです。

星が限りなくつぶれたらどうなる？——特異点出現

ブラックホール研究は、一部の物理学者をのぞき1960年代に入るまで机上《きじょう》の空論と思われていました。じつはブラックホールばかりではありません。一般相対性理論自体がそもそも机上の空論と思う研究者や、たとえ一般相対性理論が正しいにしても、それが重要になる現象はこの宇宙にはないだろうと考える研究者も多かったのです。
著者は１９７０年代に京都大学の大学生でしたが、当時の宇宙物理学の某教授が学部の授業で「一般相対性理論なんて誰も信じていない」と高言していたのを覚えています。もっとも同時期に同じ大学の物理教室では一般相対性理論の研究をしていましたから、この教授が変わっていただけなのかもしれませんが、そういう風潮もあったという話です。

こうしてアインシュタインをはじめ、ブラックホールを真剣に受け取る人は少なかったのです。この状況は１９６０年頃から変わってきます。
１つには後から述べることになりますが、中性子星やブラックホールを想定しなければ説明が難しいような天体現象が発見されたこと、そしてもう１つは理論的な発展です。

理論的な発展には、悲しいことに戦争中の原爆開発が深くかかわっています。原爆の爆発はきわめて高温の状態で進行します。このような状態を正確に考慮に入れなくてはなりません。また原爆開発は貴重なウランやプルトニウムを使うので、爆発実験をするわけにはいきません。爆発の様子をコンピュータで何度もシミュレーションして確かめるのです。星の内部も高温なので、このシミュレーションが役に立ったのです。

１９６０年代におこなわれた重力崩壊のシミュレーションによって、やはりブラックホールができることが確実視されてきました。ただし、中心付近では物質の密度は限りなく大きくなっていきますが、シミュレーションでは無限大という数を扱うことができないので、中心がどうなるのかわかりません。

また、このシミュレーションでも星の形は完全な球とされていました。丸い形でなく回転している星の重力崩壊の計算は、現在のコンピュータを使ってようやく可能になってきた難しい問題です。当時、現実的な星の重力崩壊を扱うことは不可能だったのです。

では、どうしてほとんどの物理学者が、重力崩壊の結果としてブラックホールができることを受け入れるようになったのでしょう。

それはペンローズという数学・物理学の天才が出現したおかげです。相対論の天才というと物理学者のホーキングを思い浮かべる人が多いでしょう。たしかにホーキングも天才ですが、１９７０年代前半までの業績はペンローズがいなかったら、なかったかもしれません。

ペンローズは数学者ですが、大学生のときラジオ講座で当時の高名な天文学者フレッド・ホイルによる宇宙論の講演を聴いたのがきっかけで、宇宙論に興味をもちました。

１９５０年代、宇宙は超高温、超高密度の火の玉状態からはじまったという「ビッグバン理論」と、宇宙には始まりも終わりもなくつねに同じ状態にあるという「定常宇宙論」との激しい論争がありました。ホイルは定常宇宙論の旗手でした。

ペンローズはその講演の一部が納得できませんでした。そして、自分の慣れ親しんだ方法で考えはじめたのです。その方法は、物理学者には目新しいものでした。

それは「トポロジー」といって、物の形を数学的に分類する方法です。トポロジーではジャガイモのようなでこぼこの形は、穴さえ開いていなければ、サッカーボールのような丸い形と同じものとして分類されます。

ペンローズは、**重力崩壊が進行して表面から外向きに出した光が内向きに引っ張られるようになると、どんなことがあっても収縮は止まらず、中心で時空が無限に曲がってしまう**ことを証明しました。この結果を**「特異点《とくいてん》定理」**といいます。

特異点とは時空が無限に曲がる領域です。無限に曲がるというよりは、時空が引きちぎられるといったほうがよいかもしれません。

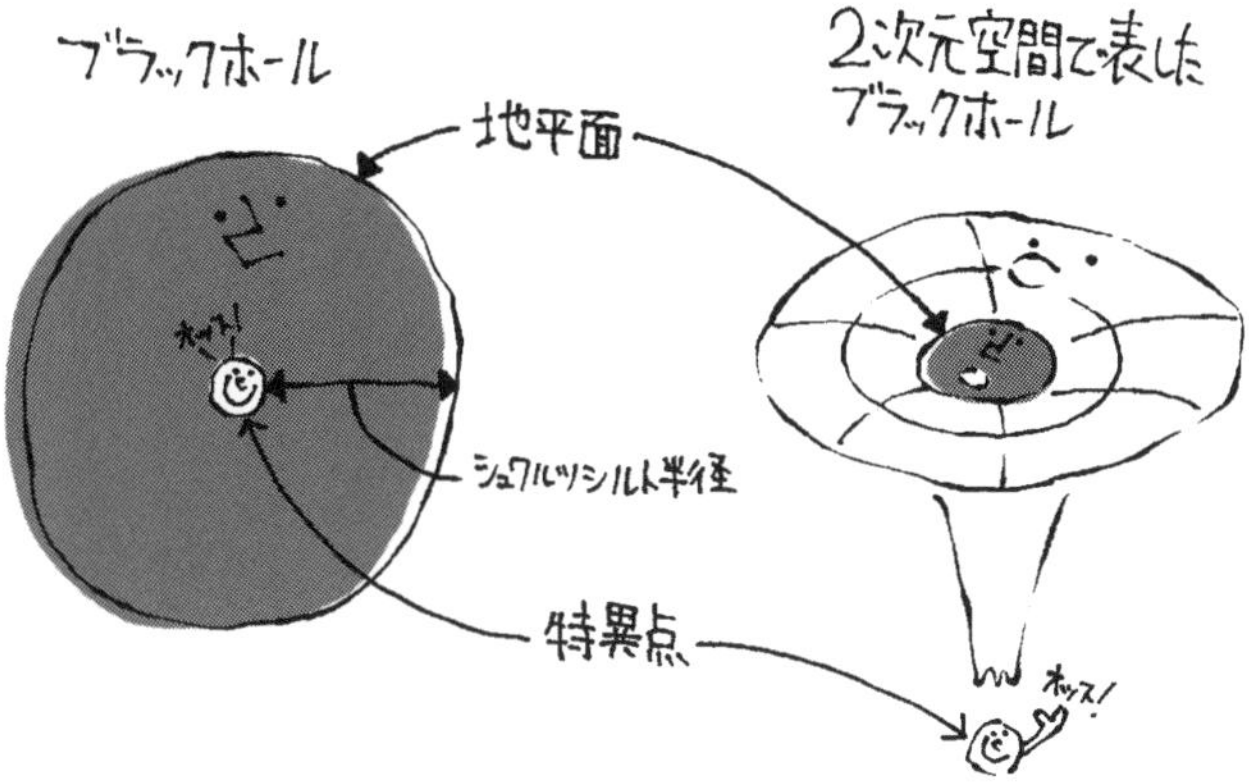
ブラックホール
2次元空間で表した
ブラックホール
地平面
オッス!
シュワルツシルト半径
特異点
オッス!

イヤン
見ちゃダメ!
特異点は外から見えない
||
裸の特異点を見せない
検閲官がいる
宇宙検閲官仮説

特異点とはいったいどんな状態で、どんなことが起こっているかは、じつはよくわかっていません。何が起こるかまったく予測できないので、それが私たちの宇宙に影響を与えたら大変です。それは幽霊を認めるようなもので、自然科学そのものが成り立たなくなってしまいます。

そこでペンローズは、特異点がブラックホールの中にしか存在しないと考えました。ブラックホールの表面はいったん通過してしまうと後戻りできない一方通行の面で、「事象の地平面」と呼ばれています。**そこから向こうの出来事（事象）が見えなくなる境界面（地平面）**だからです。

ブラックホールの中に閉じ込められているなら、外からけっして見ることはできないし、特異点が外の世界に影響することもなく安心なのです。

ペンローズのこの考えを「宇宙検閲《けんえつ》官仮説」といいます。宇宙には検閲官（自然法則）がいて、裸の特異点を見せないようにしているというわけです。しかしこれはあくまで仮説です。証明されているわけではありません。

謎の天体クェーサーの奇妙なスペクトル

ブラックホール研究は、１９６０年代に入って一変します。一般相対性理論なしではとても説明のできない天体、現象がいくつも発見されたからです。そしてこの状況は今日までつづいています。それでは１９６０年代に何が発見されたかお話ししましょう。

１９６０年代初め、多くの天文学者が不思議な天体に頭を悩ませていました。この天体は電波源として１９５０年代後半から多数発見されていましたが、可視光で見てみるととても奇妙だったのです。

姿形が奇妙というわけではありません。見かけは何の変哲もない星のようにしか見えません。奇妙なのはそのスペクトルでした。

スペクトルというのは光を波長ごとに見たものです。虹を思い出してください。赤から紫まで７色に見えるのは、波長の違いです。太陽からの光が雨の水滴の中を通って出てくるとき、波長によって屈折《くっせつ》角が違うので、違う方向に出てきて、それが虹となって見えるのです。

太陽からの光のスペクトルをくわしく見てみると、暗く見えるところや特に明るく見えるところがあります。暗く見えるところを暗線《あんせん》、明るく見えるところを輝線《きせん》といいます。

暗線は、太陽の大気中でまわりより温度の低いガスによって特定の波長の光が吸収されることから起こり、輝線は逆に、まわりより高温のガスが特定の波長の光を強く出すことから起こります。どの波長の光が吸収、放出されるかは、ガスの中にどのような物質が含まれているかによって違ってきます。

こうしてスペクトルを見ると、太陽大気の成分とその状態がわかるのです。太陽ばかりでなく、**いろいろな天体のスペクトルを調べることで、その天体の性質がわかります。**アマチュアとプロの天文学者の違いは、スペクトルを見るかどうかだといってもいいかもしれません。

話を元にもどすと、1960年代初めに天文学者の頭を悩ませていた天体とは、スペクトルの中にそれまで観測されたことのない波長の輝線をたくさんもっていたのです。もしかしたらその天体には未発見の元素があるのでは、と考えた人もいました。この天体は「クェーサー」と呼ばれることになりました。クェーサーとは、準恒星状天体という英語を略した呼び名です。

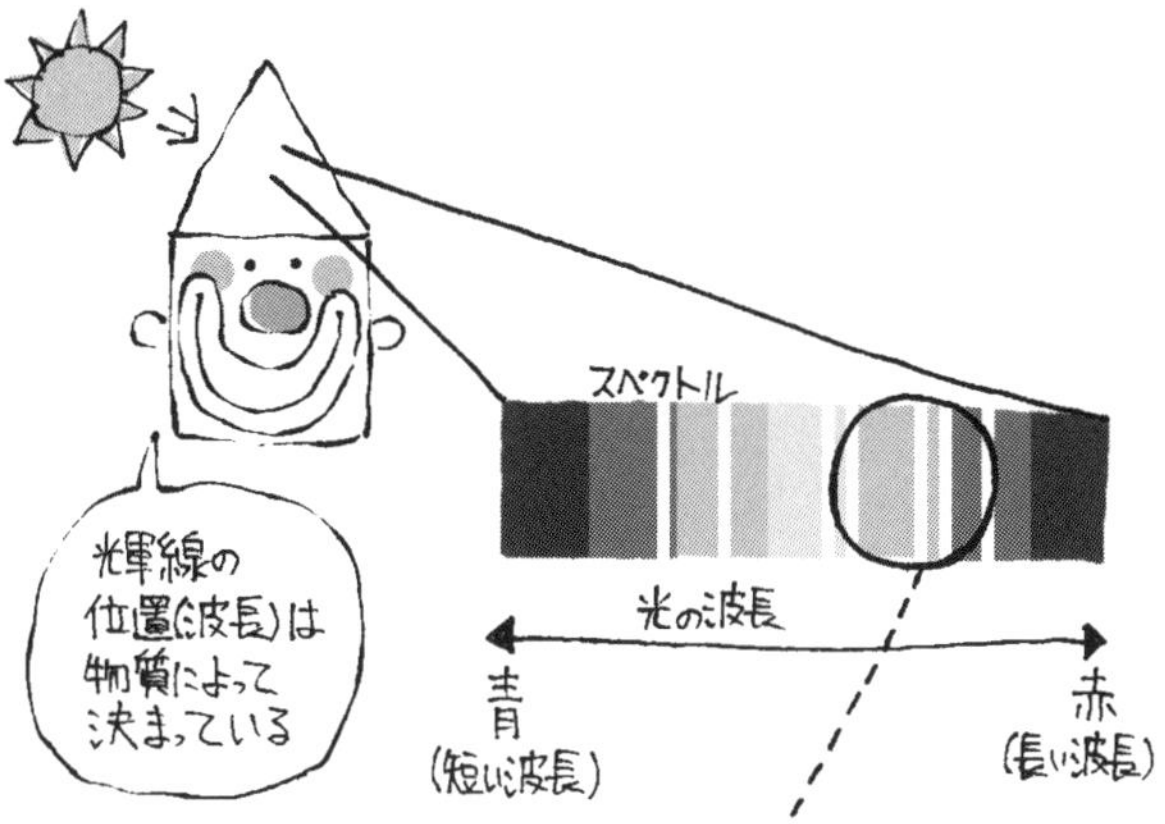
スペクトル
光の波長
青
(短い波長)
赤
(長い波長)
輝線の
位置(波長)は
物質によって
決まっている

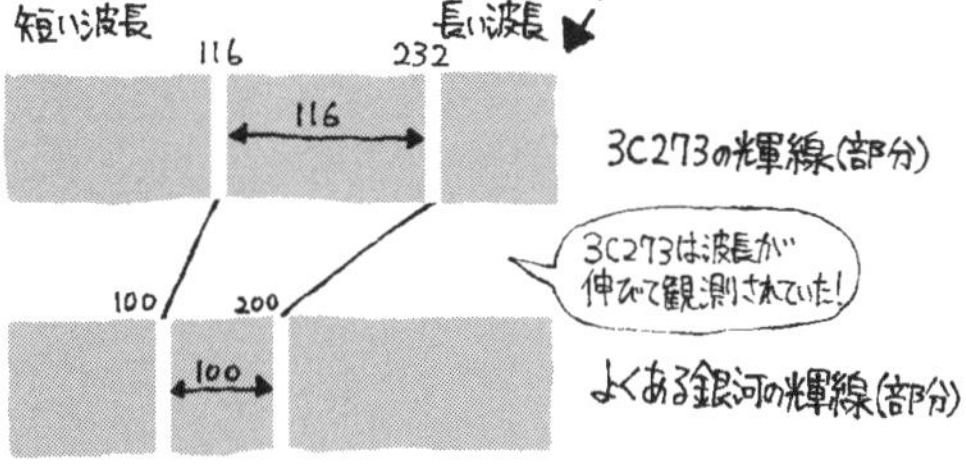
短い波長
長い波長
116
232
116
3C273の輝線(部分)
3C273は波長が
伸びて観測されていた!
100
200
100
よくある銀河の輝線(部分)

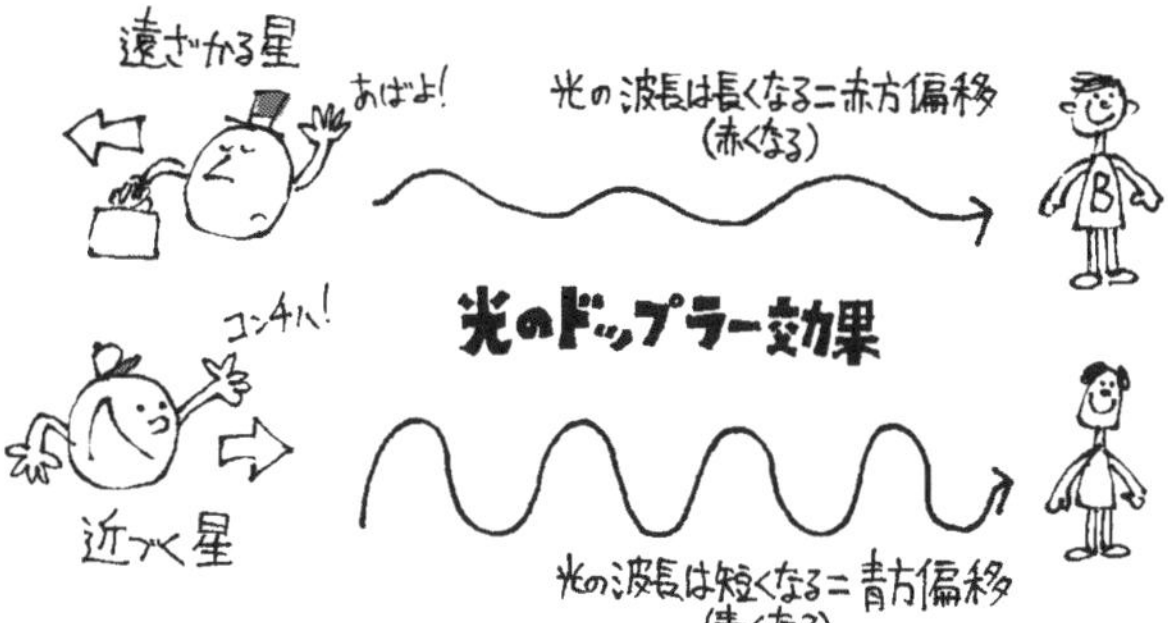
遠ざかる星
あばよ!
光の波長は長くなる=赤方偏移
(赤くなる)
B
光のドップラー効果
コンチハ!
近づく星
光の波長は短くなる=青方偏移
(青くなる)

これに対して1963年、アメリカの天文学者シュミットによって思いがけない答えが出されたのです。

シュミットはクェーサーの1つである「3C273」と呼ばれる天体に対して、スペクトルの全体をちょっと波長が短いほうにずらしてみました。すると銀河でお馴染《なじ》みの輝線と一致するものがあることに気がついたのです。**この天体からやってきた光は、放出されたときより長い波長に伸びていた**のです。

次の謎は、なぜ光が地球に届くまでに波長が伸びたのかということです。

救急車が近づいてくるときと遠ざかるときでは、サイレンの音色が違う——これは誰でも経験することでしょう。音というのは空気の振動が波（音波）として伝わる現象です。救急車が近づいてくるときサイレン音が高く聞こえるのは、音波の波長が短くなって届くからです。一方、遠ざかるときサイレン音が低く聞こえるのは、音波の波長が長くなって届くからです。この現象を「ドップラー効果」といいます。

光の場合、波長が短くなるのを青方偏移《せいほうへんい》、長くなるのを赤方《せきほう》偏移といいますが、これは**波長の短い光は青く見え、波長の長い光は赤く見える**からです。

その中心にはブラックホールがある！

波長が伸びた原因をドップラー効果だとすると、この天体は私たちから遠ざかっていることになります。そして光の場合のドップラー効果の公式を当てはめてみると、秒速４万４００キロメートル、光速の約15パーセントという猛スピードで遠ざかっていることになるのです。

なぜ遠ざかっているのでしょうか？　なんと、私たちから約20億光年のかなたにあるからです。

宇宙が膨張していると聞いたことがありますか。風船を膨《ふく》らませているように、宇宙の空間は刻一刻と膨らんでいます。等間隔で印をつけたゴムひもの両端を持って伸ばすと、隣どうしの印の間隔は少し広がり、離れた２つの印の間隔は大きく広がります。これと同じように、**遠くの天体ほど速い速度で私たちから遠ざかっている**のです。

このように、遠くからやってくる天体からの光の波長が伸びたのは、じつは空間の膨張によって引き伸ばされたからです。

またまた謎が出てきました。今度の謎はそんなに遠くにあるのに、どうして「明るく」見えているのかということです。

星の明るさを示す等級でいうと、３Ｃ２７３のみかけの明るさは12・9等です。肉眼で見える限界の等級は6等ですから、それに比べると１６００分の1の暗さです（1等級違うと明るさは約2・5倍違います）。にもかかわらず、「明るい」というのはどんな意味でしょう。

比較のために、私たちの銀河系を20億光年かなたに置いてみましょう。すると私たちの銀河系は18等級くらいにしか見えません。このことから、３Ｃ２７３が私たちの銀河系よりも約１００倍明るいことがわかります。

また私たちの銀河系を20億光年かなたに置くと、当時の望遠鏡でも十分銀河とわかるほどの大きさで観測できます。それに比べ、３Ｃ２７３は１００倍も明るいのに星のように点にしか見えないのです。これは銀河系の出すエネルギーの１００倍もの大きなエネルギーが、銀河系よりもはるかに小さい領域から出てきているということです。

さらにくわしい観測によれば、エネルギーが出てくる領域は、太陽系くらいの大きさであることがわかりました。こんな狭い領域から銀河全体の１００倍ものエネルギーを放出することが可能でしょうか？

要するに**太陽系ほどの大きさの中に、銀河系の１００倍の星を詰め込んだほどのエネルギ**

ーなのです。こんなことは不可能です。だいたい、そんな狭い領域に大量の物質を詰め込むと、ブラックホールになってしまいます。

こうして、**クェーサーの中心にはブラックホールがあって、なんらかのメカニズムで莫大なエネルギーを放出している**ことが確からしくなりました。このメカニズムについては第２章でお話しします。

このようにクェーサーは当時の望遠鏡では星にしか見えない天体にもかかわらず、銀河系の１００倍以上もの大量のエネルギーを放出している天体です。

クェーサーは当時でも１００個以上見つかっていましたが、**現在では10万個以上見つかっています。**ほとんどは数十億光年のかなたにあり、最も遠いものでは１３３億光年かなたのものまで見つかっています。ちなみに宇宙の年齢は約１３８億歳と考えられていますから、１３３億光年かなたのクェーサーは宇宙が誕生して数億年で生まれたことになります。

このようにして１９７０年頃までには多くの物理学者は、ブラックホールの存在を認めるようになりました。そしてさらにブラックホールの存在を決定的にする観測が現れます。

第2章　ご近所のブラックホールを訪ねる

「X線天文学」の誕生

これまで天文学者はクェーサーを含めて多くのブラックホールが存在する天体を発見しています。その代表的なものと、それがどうやって発見されたかを紹介しましょう。

まずいちばん最初に発見されたブラックホール天体「はくちょう座X-1」についての話からはじめます（順番からいえば最初に見つかったブラックホール天体は前章で述べたクェーサーですが、当時はそれがわかっていませんでした）。はくちょう座X-1はX線で発見されました。

健康診断でおなじみのX線は、天文学でも利用されています。X線は電磁波の一種で、人間の目で見える光（可視光）の波長の50分の1から5000分の1という短い波長をもっています。

電磁波は波長が短いほどエネルギーが高くなるので、X線を出すには、100万度から1億度という超高温の状態が必要です。太陽の表面温度は約6000度ですから、比べてみればとんでもないほどの高温だとわかるでしょう。星の中には表面温度がもっと高いものもあ

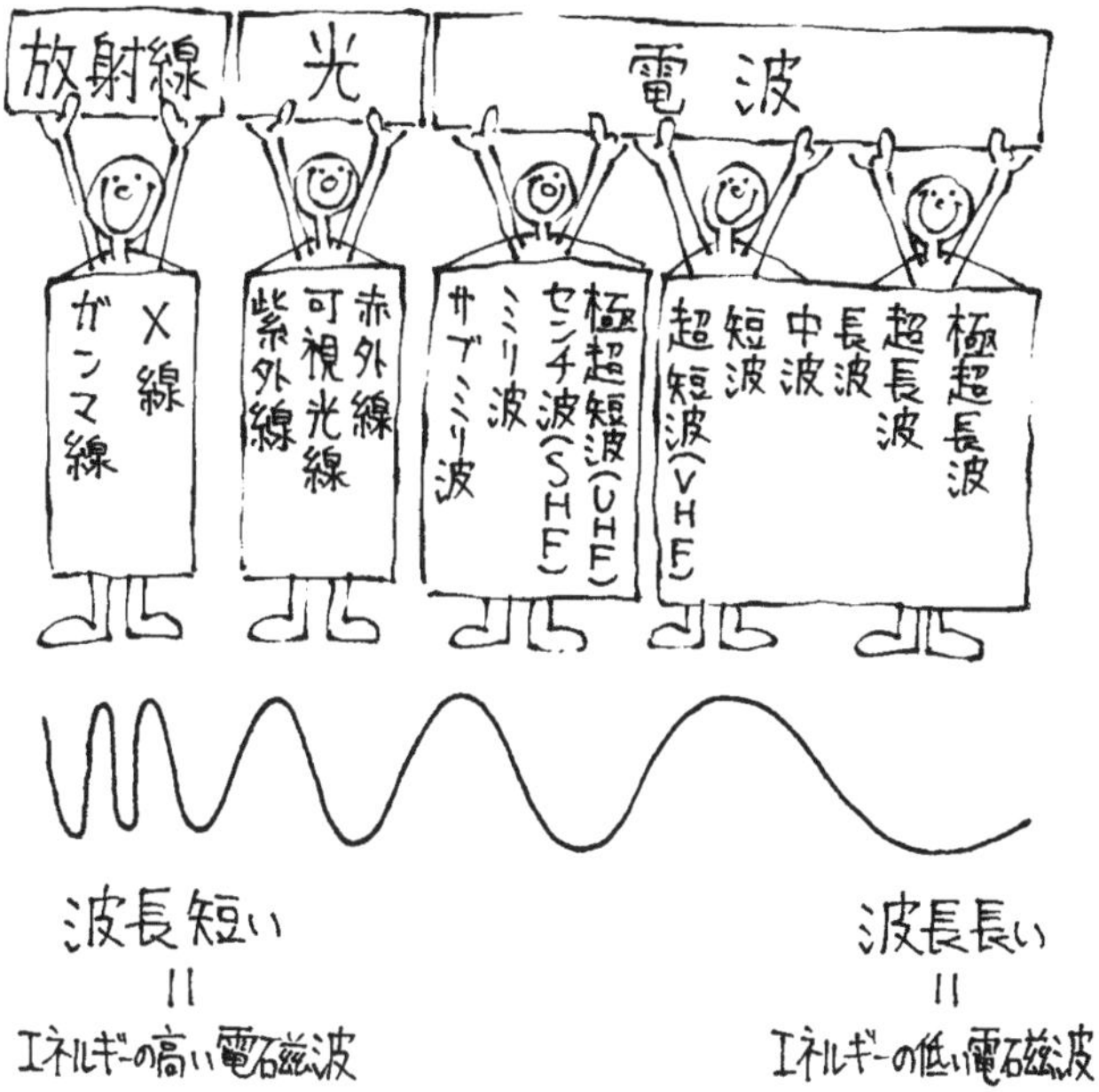
放射線
光
電波
X線
ガンマ線
赤外線
可視光線
紫外線
極超短波(UHF)
センチ波(SHF)
ミリ波
サブミリ波
極超長波
超長波
長波
中波
短波
超短波(VHF)
波長短い
=
エネルギーの高い電磁波
波長長い
=
エネルギーの低い電磁波

るにはありますが、たいていの星の表面温度は数万度程度です。

Ｘ線は地上に届く前に大気に吸収されてしまうので、地上からの観測はできませんが、太陽からＸ線が出ていることは１９４９年頃にはわかっていました。この発見は、アメリカが第二次大戦後にドイツの開発したロケットを押収《おうしゅう》し、それを使って調べたものです。このＸ線は太陽大気の上層にある、温度が２００万度のコロナから出てきます。

１９６０年頃には、コロナ以外にＸ線を出すような天体は宇宙にはないだろう、というのが一般的な考えでした。一方、１９６０年代初め、旧ソ連が水爆実験をおこない、あわてたアメリカは水爆実験を宇宙から監視するため、Ｘ線観測装置を載せたロケットを打ち上げることにしたのです。

宇宙には何か人類の想像を超えた天体があるはずだという一握りの研究者の夢も乗せて、１９６２年に打ち上げられたロケットは、ほんの数分間だけ大気圏外に出ました。そして地上の核爆発ではなく**宇宙からやってきたＸ線を見つけた**のです。Ｘ線天文学の誕生です。

いくつかＸ線源が発見されたなかで当時最も注目を集めたのが、銀河中心方向に発見された「さそり座Ｘ-１」でした。これはさそり座にある最初に発見されたＸ線源、という意味です。

同様に、はくちょう座にもＸ線源（はくちょう座Ｘ−１）が発見されました。しかし、さそり座Ｘ−１に比べるとＸ線の強度が弱いので、当初はそれほど注目を集めませんでした。それが１９７１年になって、がぜん注目を集めることになったのです。

初めて見つかったブラックホール「はくちょう座Ｘ−１」

Ｘ線の観測は大気圏外でおこなう必要がありますが、ロケットは大気圏外に出ている時間が短いため、十分な観測時間が得られません。そこで１９７０年、アメリカ航空宇宙局（ＮＡＳＡ）は初めて地球を周回するＸ線観測衛星ウフルを打ち上げました。はくちょう座Ｘ−１がくわしく調べられたのです。

その結果、やってくるＸ線の強度が１秒ほどの短い時間で変動していることが発見され、Ｘ線源が小さな天体であることが推測されました。小さな天体ほど、全体の明るさを変えるのは短い時間ですむからです。

さらにくわしい観測からＸ線源の位置が正確に決められ、その方向の約６０００光年かなたに太陽の約30倍の質量をもった、みかけの明るさが9等の青い星が見つかったのです。しかし、この星がX線を出しているわけではありません。表面温度がX線を出すには低すぎるからです。では、X線はどこからくるのでしょう。

この星をくわしく観測してみると、5・6日の周期で位置がふらついていることがわかりました。このふらつきの原因は、この星が単独で存在しているのではなく、近くにもう1つの星があって、2つの星がお互いのまわりを回っているからです（これを連星系という）。**望遠鏡では見えないもう1つの星がX線の原因**らしいことがわかってきました。くわしい運動の解析から、この相棒の星の質量は太陽質量の10倍程度であることもわかりました。

さらにくわしいX線の観測から、X線強度が1秒どころか1000分の1秒という短い時間で変動することもわかりました。これはX線が出てくる領域が、最大でも光が1000分の1秒で横切る距離（約300キロメートル）でしかないことを意味します。ある領域の端から出たX線を受け取る時間と、反対の端から出たX線を受け取る時間の間には、その領域の端から端まで光が伝わる時間の差があるからです。

つまり、300キロメートル（＝半径150キロ）くらいの広がりに、太陽質量の10倍もの質量が詰め込まれているということです。

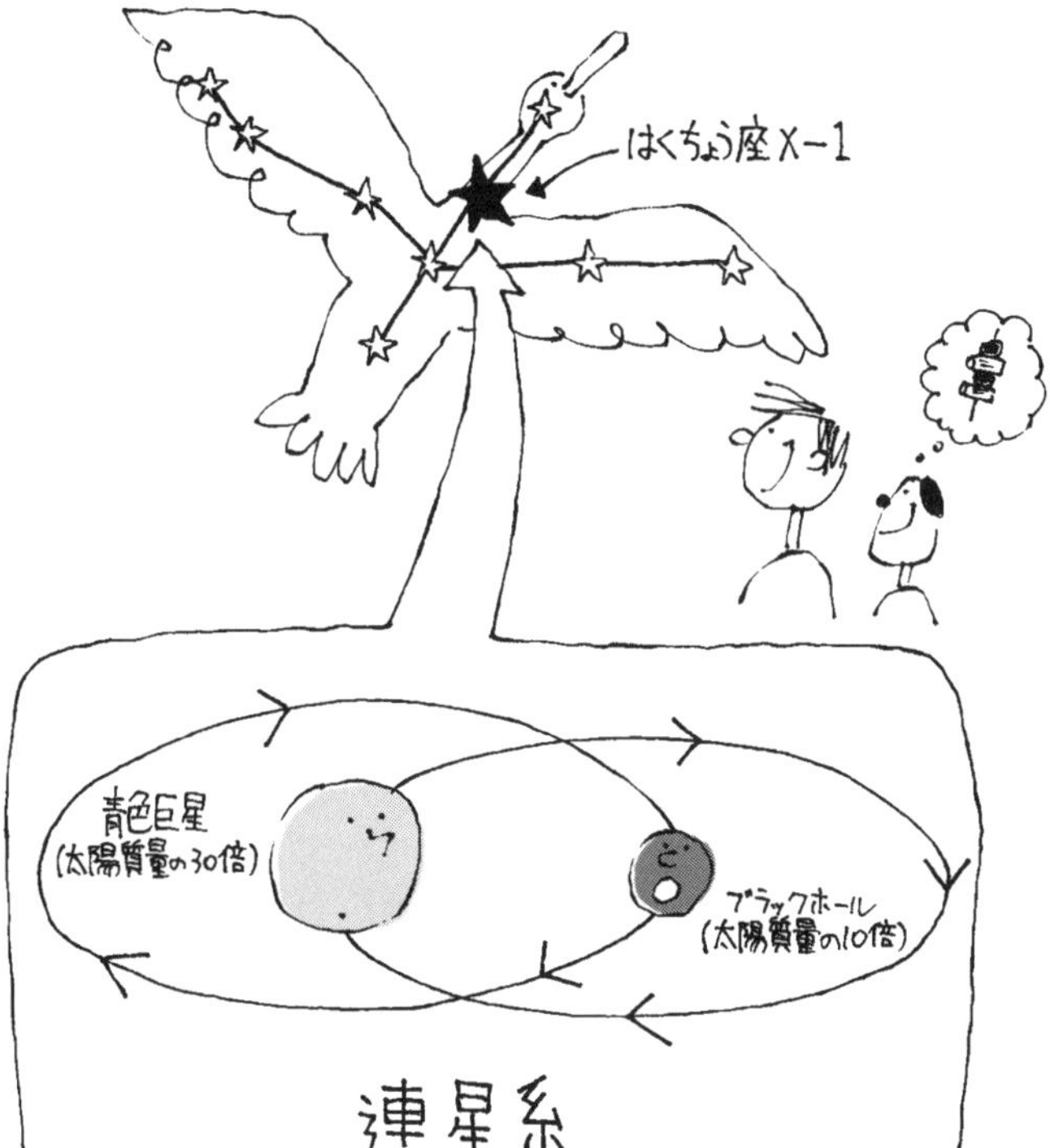

はくちょう座X−1
青色巨星
(太陽質量の30倍)
ブラックホール
(太陽質量の10倍)
連星系

ここで前にお話ししたチャンドラセカールの限界質量の話を思い出してみてください。核融合反応の燃料を使い果たした星には、自分自身の重さを支えることができる最大の質量があるという話でした。核燃料を使い果たした星というのは白色矮星《はくしょくわいせい》や中性子星《ちゅうせいしせい》のことです。太陽程度の重さの中性子星の半径は10キロメートル程度でしたから、半径150キロメートルくらいの中性子星があってもおかしくないと思うかもしれませんが、中性子星にもチャンドラセカールの限界質量があるのです。

この質量は、中性子星が回転していたり磁場をもっていた場合などいろいろな条件によって違いますが、せいぜい太陽質量の数倍程度です。太陽質量の10倍もの重さをもった中性子星は自分自身の重さでつぶれてしまい、ブラックホールになるしかありません。

こういうわけで、**はくちょう座X−1は、宇宙にブラックホールが存在する証拠と認められた**のです。

はくちょう座X−1がブラックホールであると解明するにあたっては、日本のX線グループが大きく寄与《きよ》したことをつけ加えておきましょう。

X線天文学のはじまりのときから小田稔《おだみのる》など日本の研究者が海外のプロジェクトに参加し、創意工夫を凝《こ》らして独創的な観測装置をつくってきました。彼らは日本に戻ってからも続々とX線観測ロケットを飛ばして多くの発見をし、世界をリードしています。

現在まで私たちの銀河系の中には「はくちょう座X－1」のような連星系のブラックホールが20個ほど発見されていて、その数はどんどん増えていくことでしょう。ちなみに「さそり座X－1」のほうは中性子星だと考えられています。

X線天文学はブラックホールを発見するだけでなく、銀河系や銀河団を取り囲んでいる**正体不明の物質「ダークマター（暗黒物質）」の証拠を見つける手段にもなります。**

「自然は人間より想像力に富んでいる」――最初にロケットで宇宙からのX線を観測をしたX線天文学研究者の味わい深い言葉です。

X線はどこから出てくるのか

ブラックホールからは何も出てこないはずでしたが、X線はどこから出てくるのでしょうか。この答えは、じつは先に述べたクェーサーのエネルギー源にも直接関係することです。

はくちょう座X－1は、青色巨星とブラックホールの連星系でした。このような連星はお互いの距離が近くなると、ブラックホールの大きな潮汐力《ちょうせきりょく》（地球の潮の干満を引き起こす力。重力と遠心力を合わせた力で、宇宙では天体の場所によって重力の強さが違うため、その天体を引き裂くように働く）を受けて相棒の星の外層（ほとんどが水素）がひきはがされます。ひきはがされた外層の物質は、ブラックホールに落ち込みます。

このときの状況は、ちょうどバスタブにたまったお湯を抜いたときによく似ています。お湯は排水口のまわりをぐるぐる回りながら落ち込んでいきます。星の外層の物質も同じようにブラックホールのまわりをぐるぐる回りながら落ち込み、ブラックホールのごく近くに厚い円盤をつくります。この円盤を「降着円盤《こうちゃくえんばん》」と呼びます。

太陽系の惑星が内側の惑星ほど速く回っているように、降着円盤も内側にいくほど急速に回転しています。また、滑り台で滑るとお尻《しり》が熱くなるように、物質間に速度差があると摩《ま》擦《さつ》が起きて熱くなります。このように**降着円盤の物質は摩擦によって何千万度、何億度という高温に熱せられ、X線を出す**のです。

はくちょう座X-1の場合、降着円盤のいちばん内側はブラックホールから100キロメートル程度まで迫っていて、そこから少しずつ物質がブラックホールに飲み込まれていきます（このブラックホールの半径は30キロメートル程度です）。そして、それを補給するように相

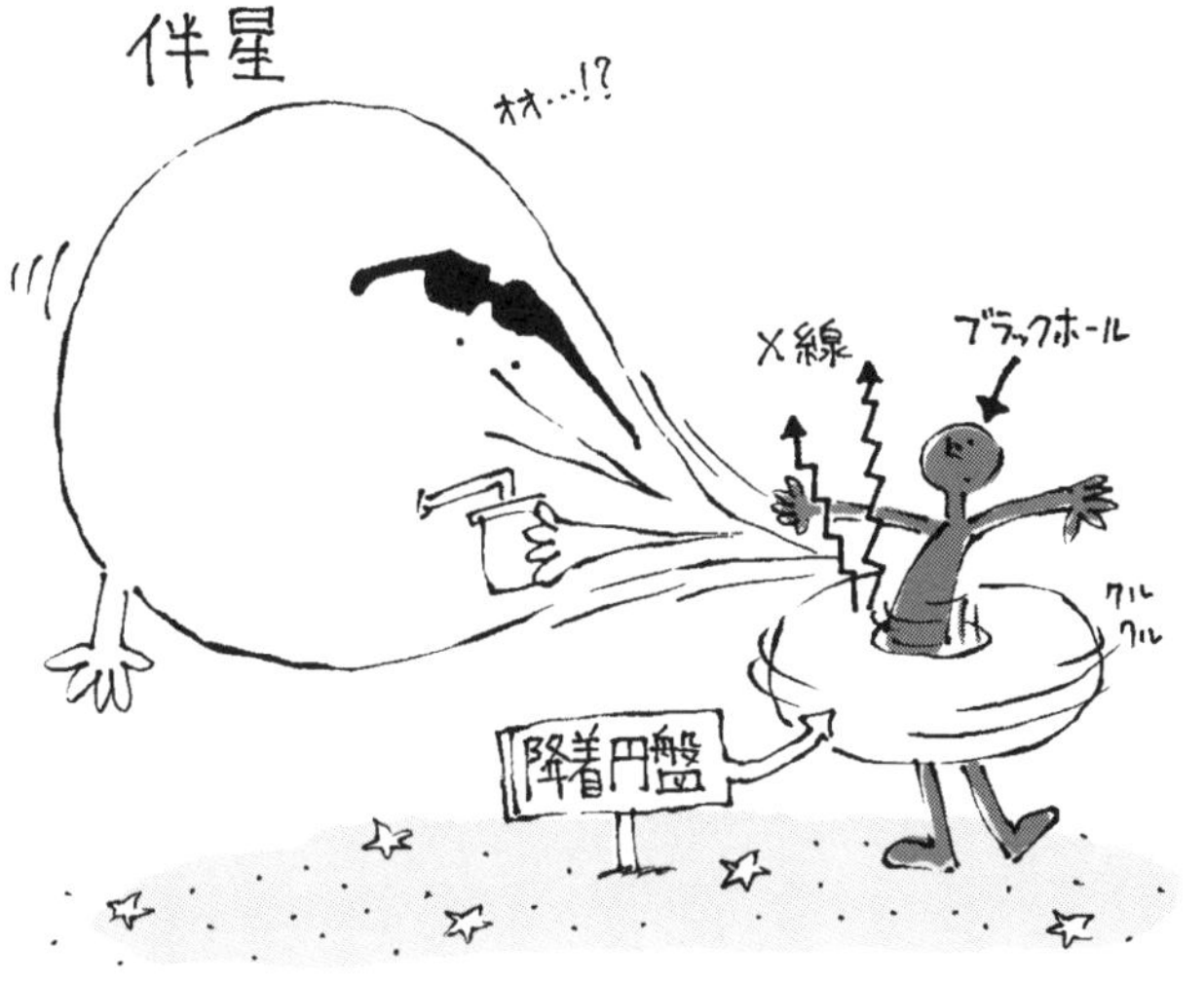

伴星
オオ…!?
X線
ブラックホール
クルクル
降着円盤

棒の青色巨星（伴星という）から円盤の外周に物質が流れ込んでくるので、青色巨星の外層の物質がなくなるまでは降着円盤ができつづけます。

大量のエネルギーを放出している天体クェーサーのエネルギー源は長い間謎でしたが、現在では太陽質量の数千万倍から数億倍の超巨大ブラックホールとそのまわりを取り囲む円盤状の物質であると考えられています。その円盤は内側ほど速く回転しているので、周囲との摩擦で円盤全体が熱せられて高温になり、莫大《ばくだい》な量の電磁波を出すのです。

このエネルギーは元をたどれば、ブラックホールの強い重力によって周囲の物質が落下することから生まれています。したがって、**ブラックホールがクェーサーのエネルギー源**といえます。円盤のいちばん内側からは、物質がブラックホールに落下していきます。1年ごとに太陽質量の10倍程度の質量がブラックホールに落ち込んでいると推定されています。

ブラックホールをめぐる宇宙の旅

最近の観測で、多くの銀河の中心に、太陽質量の何十万倍から何百億倍という超巨大質量をもったブラックホールが発見されています。これらのブラックホールは、銀河の形成と進化にとってきわめて重要な役割を果たしていることが明らかになってきました。

私たちの銀河系の中心にも、太陽質量の約４００万倍という巨大ブラックホールが潜《ひそ》んでいます。このブラックホールがどのように発見されたかについて話をしましょう。まずは、私たちの銀河系（天の川銀河）の中心部をのぞいてみましょう。

未来に恒星間宇宙旅行が可能になったら、銀河中心方向への旅はそのすばらしい景観によって一番人気になるでしょう。

地球から銀河中心に向かって1万光年も進めば、視野いっぱいに「バルジ」が広がってきます。バルジというのは銀河中心にある直径約1万3０００光年、厚さ約1万光年の、おもに古くて赤い1００億個ほどの星の集団です。すばる望遠鏡の観測でハワイ島のマウナケア山頂にいくと、さそり座方向に天の川が広がっているのが、わかります。**さそり座は銀河中心方向なので、バルジの広がりが見える**のです。

バルジに突入すると、さらにすばらしい景観を見ることができるでしょう。太陽系の近くでは星と星の平均間隔は3光年程度ですが、バルジに入ると星々はだんだん密集してきます。

天の川銀河

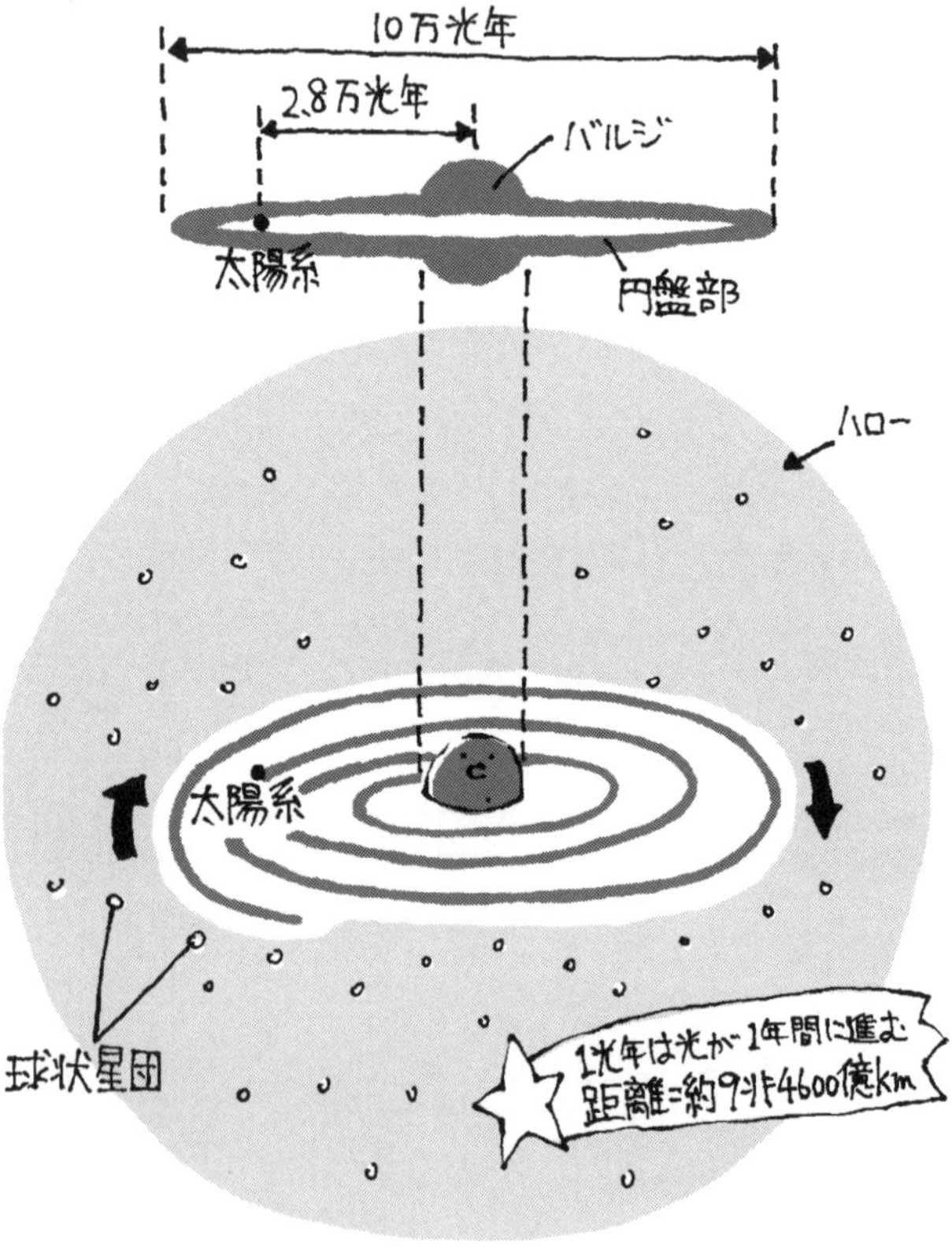

10万光年
2.8万光年
バルジ
太陽系
円盤部
ハロー
太陽系
球状星団
1光年は光が1年間に進む
距離＝約9兆4600億km

奥のほうでは星々の間隔は太陽系近辺の10分の1程度にもなり、あらゆる方向がまるで天の川のように微小な星で埋め尽くされ、キラキラ輝いているのが見えるでしょう。

これらの星に加えて、中心部では半径７００光年程度、厚さ２００光年程度の円盤状に「分子雲《ぶんしうん》」が広がっています。

分子雲というのは、おもに水素分子から出てきている低温（絶対温度で数十度）の星雲です。ここは**星が生まれる故郷**です。

特に密度の高い領域は半径約３００光年、厚さ数十光年の細いリング状になっています。このリングのなかには「いて座B」と「いて座C」として知られる強力な電波源があり、１００年で1〜3個の星が生まれています。この生まれたばかりの星の強力な紫外線によって、まわりのガスが電離という現象によって輝いています。

生まれた星の中には質量が太陽の数十倍と大きなものもあり、寿命も数百万年と短いので、このあたりから内側には、過去に生まれてすでに「超新星爆発（星の最期の大爆発）」によってできたブラックホールがごろごろあるでしょう。十分気をつけないと、ブラックホールに飲み込まれてしまうかもしれません。

リングの中心部からは、竜巻《たつまき》のようにガスのジェットが噴き出しているのも見えるでしょう。このジェットの高さは1万光年を超えています。

さらにこのリングを突っ切って、中に進んでみましょう。このあたりになると星はさらに密集し、星と星の間隔は太陽系付近の１００分の1程度になります。そして、壮大な超新星爆発の残骸《ざんがい》が見えてきます。これは１０００年ほど前に爆発した「いて座Ａ東」と呼ばれる電波源です（光が地球に届くまでに時間がかかっているので、実際には2万９０００年ほど前のことです）。

さらに進むと、半径数光年のガスのリングが見えます。このガスのリングは秒速１５０キロメートルという高速で回転しており、近づいていくと3本の腕が中心に向かって伸びているのが見えます。リングの中に飛び込んでみましょう。

銀河系中心に潜《ひそ》む大質量ブラックホール

リングの中には太陽質量の何十倍という星や大小の星団があり、星同士はまさにぶつかるほど密集しています。この中心こそが、銀河系の中心となります。

３本の腕から落ち込んできた物質は、半径1光年ほどの降着円盤をつくります。**この降着円盤が「いて座Aスター（いて座A*）」として知られる強力なX線源です。この円盤の真ん**

WELCOME!
いて座A
スター
I am
スター
太陽質量の400万倍!
銀河系の中心にある
巨大ブラックホール
オー!
高速で回転する
3本の腕の中に
とびこむと…

中のぽっかり開いた真っ黒な穴の中に、銀河系中心にある、太陽質量の約400万倍という巨大ブラックホールが潜《ひそ》んでいるのです。

このブラックホールの質量は、次のような方法で求められました。銀河中心付近はチリが大量にあるため、地球からは可視光では見ることができません。しかし、8メートルクラスの大望遠鏡でこの付近を可視光よりも波長の長い赤外線で観測することによって、いくつもの星の集団が発見されました。

特にいて座Aスターのまわり15光年の範囲には星の大集団があり、「いて座Aスタークラウド」と呼ばれています。中心から0・6光年には高密度の星の集団があり、その中心部に太陽質量の1万倍程度のブラックホールがあると考えられています。

さらに、いて座Aスター近くで十数個の星が発見され、その運動が1992年頃からくわしく観測されています。その中には、15・2年周期で銀河中心からわずか1光時（光で1時間かかる距離で約10億キロメートル。この距離は太陽から地球までの距離の約7倍）まで近づくものもありました。そのときのこの星の速度は秒速5000キロメートル、光速度の60分の1にもなっていました。

重力による天体の運動は、ニュートンの時代から経験をつんだ天文学の得意とするところです。彗星《すいせい》の軌道が正確にわかるのは、太陽の重力の影響がわかっているからですが、逆に天体の運動がわかれば、その原因となった重力源の位置や質量もわかるのです。

この伝統的な方法を使って、これらの十数個の星がすべて1点のまわりを運動し、しかもその質量が太陽質量の約４００万倍であることがわかりました。つまり、太陽の約４００万倍の質量をもったブラックホールの重力が、これらの運動の原因だったのです。

さて、**このブラックホールの大きさは、**どれだけ大きいと思いますか。**半径１２００万キロメートル**ほどです。私たちの感覚では大きいと思うかもしれませんが、水星の軌道半径が５８００万キロメートルですから、その中にすっぽり入ってしまいます。あるいは太陽の半径が約70万キロメートルですから、その17倍程度の大きさしかありません。**こんな小さな範囲の中に太陽質量の４００万倍が詰まっている**のです。

アンドロメダ銀河中心の超大質量ブラックホール

昔から秋の夜に見えるアンドロメダ座の一角に、雲の切れ端のような淡い光の塊《かたまり》があることが知られていました。都会のようなネオンなどのない田舎では、いまでもかなりはっきりと、しかも満月程度に広がった光のシミを見ることができます。これが「アンドロメダ銀河」です。

私たちの天の川銀河から約２４０万光年離れていて（遠方天体の距離の測定は難しく、ある程度の誤差はつきものです。２３０万光年という説や２５０万光年という説もありますが、ここでは中を取って２４０万光年としておきましょう。）、天の川銀河よりもいくぶん大きな銀河です。

アンドロメダ銀河の中心にもブラックホールはあるのでしょうか？　今度はアンドロメダ銀河を訪れてみましょう。

アンドロメダ銀河より近いところにも、多くの小さな銀河があります。**銀河は単独で存在するのではなく、大小さまざまな群れをつくって存在している**のです。１００個程度以下の群れを「銀河群」、それ以上の群れを「銀河団」と呼びます。

私たちの銀河系（天の川銀河）は数十個の銀河と一緒になって、「局所銀河群」と呼ばれる直径３００万光年程度の群れに属しています。天の川銀河とアンドロメダ銀河はこの群れの中で特に大きなもので、あとの多くはこの2つの銀河のまわりにある小さな銀河です。

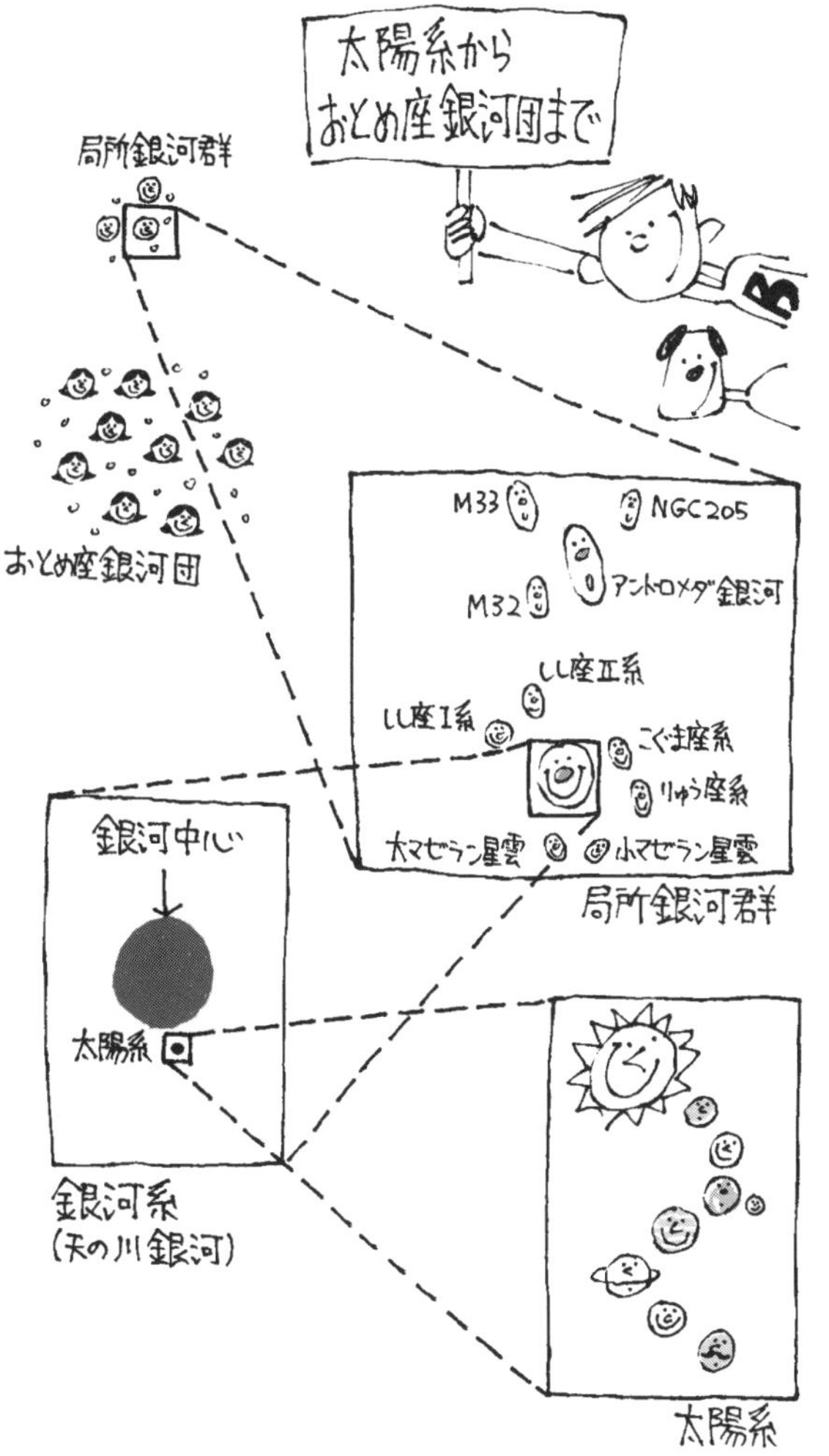
太陽系から
おとめ座銀河団まで
局所銀河群
おとめ座銀河団
M33
NGC205
アンドロメダ銀河
M32
しし座II系
しし座I系
こぐま座系
りゅう座系
大マゼラン星雲
小マゼラン星雲
局所銀河群
銀河中心
太陽系
銀河系
(天の川銀河)
太陽系

天の川銀河を旅立つとまず見えてくるのが、大小2つのマゼラン星雲です。大マゼラン星雲は天の川銀河から15万光年かなた、小マゼラン星雲は約20万光年かなたです。これらの銀河の質量は天の川銀河の10分の1もありません。局所銀河群全体の質量は太陽質量の約1兆倍と見積もられていますが、天の川銀河とアンドロメダ銀河の2つでその90パーセント以上を占めるようです。

天の川銀河とアンドロメダ銀河の距離は約240万光年で、お互いに秒速約122キロメートルの速度で近づいています。約40億年後に2つの銀河は衝突し、20億年かけて合体して巨大な楕円《だえん》銀河となると考えられています。

さて、アンドロメダ銀河までの距離は240万光年程度ですから、光の速さで旅行しても240万年かかると思うかもしれません。地球にいる人にとってはそうなのですが、宇宙旅行をしている人にとっては、もっともっと短い時間でアンドロメダ銀河に着くことができます。これは**高速で移動するほど運動している人の時間の進みが遅くなる**からです。

とはいっても、アンドロメダ銀河まで数十年で往復するには、光速の99・999999パーセント程度の速度で旅行しなければならないので現実的ではないのですが、原理的には可能です（第4章で述べるワームホールが利用できれば一瞬で行けるかもしれません）。

仮にそれができたとしましょう。

すると2、3年で銀河系を飛び出し、それから数年すると、行く手にはアンドロメダ銀河、振り返れば天の川銀河が同じように大きく広がっていることでしょう。どちらの銀河も薄い円盤をもち、円盤には渦巻《うずまき》構造が見えます。

アンドロメダ銀河に突入すると、しばらくの間は天の川銀河と同じような風景が見えますが、中心に近づくとかなり様相が違っているのがわかるでしょう。

天の川銀河の中心部では半径７００光年ほどのガス円盤が存在していたり、青く輝く新しい星が次から次へと生まれていました。しかし、**アンドロメダ銀河の中心部にはガスは少量しかなく、星の形成もあまり活発ではない**ようです。

赤く鈍く光る古い星が取り巻いている中心部をさらに進むと、今度は青い星やガスが円盤状に集まっているのが見えてきます。円盤の中心のまわりを高速で運動するガスの速度から、**太陽質量の1億倍以上の質量をもったブラックホールが円盤の中心にある**ことがわかるでしょう。ブラックホールの周囲では、天の川銀河の中心ブラックホールと同じようなジェットが見えるかもしれません。

以上のことは、最近のハッブル望遠鏡による観測結果からの予想です。

このような中心部分の違いは、2つの銀河のでき方の違いと考えられています。天の川銀河やアンドロメダ銀河のような大きな銀河は、いくつもの小さな銀河と衝突・合体をくり返して成長したものですが、アンドロメダ銀河のほうがより多くの銀河と合体したのでしょう。その際、**銀河中心にあるブラックホールも合体をくり返して、どんどん大きくなった**のかもしれません。

M87の超巨大ブラックホールをのぞく

天の川銀河やアンドロメダ銀河をはじめ、ほとんどの銀河の中心に超大質量ブラックホールが存在することがわかってきた、と書きました。もう1つだけその例をあげましょう。それは私たちから6000万光年ほど離れた**「おとめ座銀河団」にある巨大楕円銀河M87**です。

M87という名前は、18世紀のフランスのアマチュア天文家メシエが、彗星と間違いやすい天体のリストをつくった際、87番目だったことからつけられました。ちなみにアンドロメダ銀河は31番目だったのでM31です。

おとめ座銀河団は1000個以上の銀河を含む、1億光年程度にも広がった銀河の大集団ですが、この銀河団の中心付近には天の川銀河の10倍程度の大きさをもった巨大な楕円形の銀河があり、それがＭ87です。銀河団の中心部分は銀河が込み入っていて、Ｍ87はこれまで多くの銀河を飲み込みながら巨大化してきたのです。

このような銀河の衝突や合体は珍しくありません。前述のとおり、天の川銀河も数十億年後にはアンドロメダ銀河と衝突・合体すると考えられています。

銀河同士が衝突すると、それぞれの中心にあったブラックホールも合体して巨大化していきます。したがって**Ｍ87の中心には、天の川銀河やアンドロメダ銀河の中心にあるブラックホールとは比較にならない超巨大なブラックホールがある**と考えられてきました。

実際、その超巨大なブラックホールの証拠と考えられる強力な電波と、数千光年の長さをもった壮大なジェットが中心部分から噴き出していることが、これまでの観測からわかっていました。

１９９４年、ハッブル宇宙望遠鏡がブラックホールのより直接的な証拠を見つけました。ハッブル宇宙望遠鏡は地上の望遠鏡と違って大気の揺らぎの影響を受けないため、非常に鮮明な画像を得ることができ、Ｍ87の中心部数十光年以内まで迫ることができます。

Ｍ87の中心部のガスの運動をくわしく観測すると、中心部にあるジェットを軸にするよう

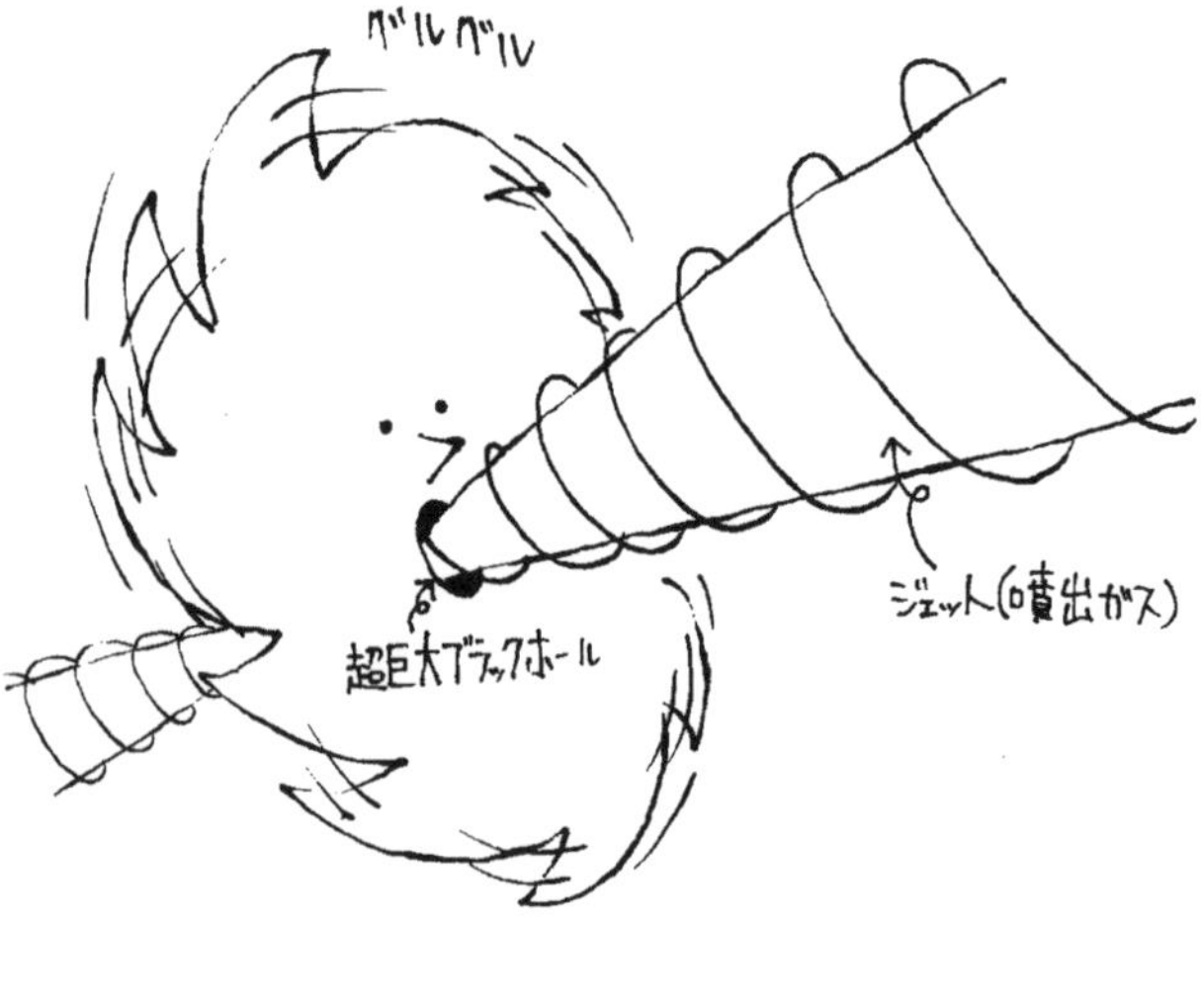
グルグル
超巨大ブラックホール
ジェット(噴出ガス)

に秒速５５０キロメートルの高速度でガスがぐるぐると回転していることを見つけたのです。

　このような運動を引き起こすためには、中心部の数十光年以内に太陽質量の60億倍程度の質量が必要だと推定されています。こんな莫大な質量を数十光年以内に詰め込めば、必ずブラックホールになってしまいます。

　また、２０１２年には日本とアメリカのチームが、ブラックホールへあと一歩と迫る画期《かっき》的な観測をしました。

　ブラックホール付近では、ジェットから放射される電磁波のために電波はさえぎられてしまいます。そのためブラックホールの位置を正確に突き止め、ジェットがまさに噴き出している様子を観測することは容易ではありません。

　しかしジェットからの放射には、より短い波長の電波に対して透明になるという性質があるので、**短い波長の電波を使えばジェットにさえぎられることなくブラックホール近くまで観測することができます。**観測チームは、波長０・７ミリメートルの「ミリ波」というこれまでより短い波長の電波を使うことにしました。

　また、位置の決定精度を極限にまで高めるため、目的天体とは少し離れた遠方の電波天体を基準として利用する方法を使い、20マイクロ秒角（1度角の1億8000万分の1）という精度を達成しました。

これは地球から見て月に置いた直径4センチメートルほどの物体の大きさに相当する角度で、約6000万光年離れたM87中心のブラックホールの直径（約360億キロメートル）の2倍程度まで識別できる精度です。

さらにカリフォルニア、アリゾナとハワイの3つの電波望遠鏡のデータを合成するという方法を使って、実質的に口径4000キロメートルに相当する望遠鏡でM87のジェットを観測しました。

この観測の結果、ブラックホールからなんと0・02光年までジェットの根元を追跡することに成功しました。0・02光年というのは、太陽から地球までの距離の1260倍くらいです。M87の中心にあるブラックホールの質量を太陽質量の約60億倍とすると、その半径は約180億キロメートル、太陽と地球の距離の約120倍程度になります。

つまり**この観測は、ブラックホールの半径の10倍程度まで迫った**ことになります。たとえていうと、地上634メートルのスカイツリーの高さからアリの巣穴（直径2ミリメートルとして）の中をのぞきこむようなものです。

ジェットの根元はブラックホール半径の5・5倍程度であり、これはブラックホールが回転しているときに予想される値《あたい》に近いことも明らかにされました。

ブラックホールは実際どう見えるか

このように、いまではブラックホールのすぐ近くまで観測できるようになっています。ブラックホール本体まではあと一息です。もっと短い波長の電波、もっと距離の離れた多数の電波望遠鏡を使うことで、ブラックホール本体が観測できるようになるでしょう。

この観測にぴったりの電波望遠鏡「ALMA《アルマ》望遠鏡」が、日本、アメリカ、ヨーロッパの共同プロジェクトによって南米チリ・アタカマ砂漠の5000メートルの高原につくられています。高精度のパラボラアンテナ66台を組み合わせることによって、直径18・5キロメートルの巨大な電波望遠鏡に相当する視力が得られます。ミリ波・サブミリ波領域では、世界最高の感度と分解能を備えた望遠鏡です。

こうした電波望遠鏡をつかうと、ブラックホールはどのように見えるのでしょう。

これまで発見されたブラックホールは、いずれもそのまわりに降着円盤をもつものです。

降着円盤のいちばん内側からは、高温ガスが絶えずブラックホールに吸い込まれています。

要するに、**ブラックホールは光り輝くガスに埋もれている**のです。このときガスの中でブラックホールがどう見えるかは単純ではありません。

たとえば**降着円盤はどのように見えるか**考えてみましょう。単純化するために円盤を真横に見るとしましょう。

円盤は回転しているので、ブラックホールの右側に見える円盤のガスが私たちに近づいていれば、左側に見える円盤のガスは私たちから遠ざかっていることになります。つまりこの場合、右側から届く光は波長が短く（青方偏移《せいほうへんい》）、左側から届く光は波長が長く（赤方偏移《せきほう》）なって観測されます。

加えて、円盤の右側では、近づくガスから出た光の波長が短くなっているため、本来は観測されない波長帯の光も観測波長領域に入って見えるようになります。一方、左側では遠ざかるガスから出た光は波長が長くなっているので、本来見えている光さえ観測波長領域から外れて見えなくなってしまいます。

銀河中心を見るには波長の短い電波で観測しなければなりませんが、**もし可視光で見えたとすれば円盤の右側がより長く、また青っぽく見える**でしょう。**その反対側は短く赤っぽく**

ブラックホールと降着円盤の見え方

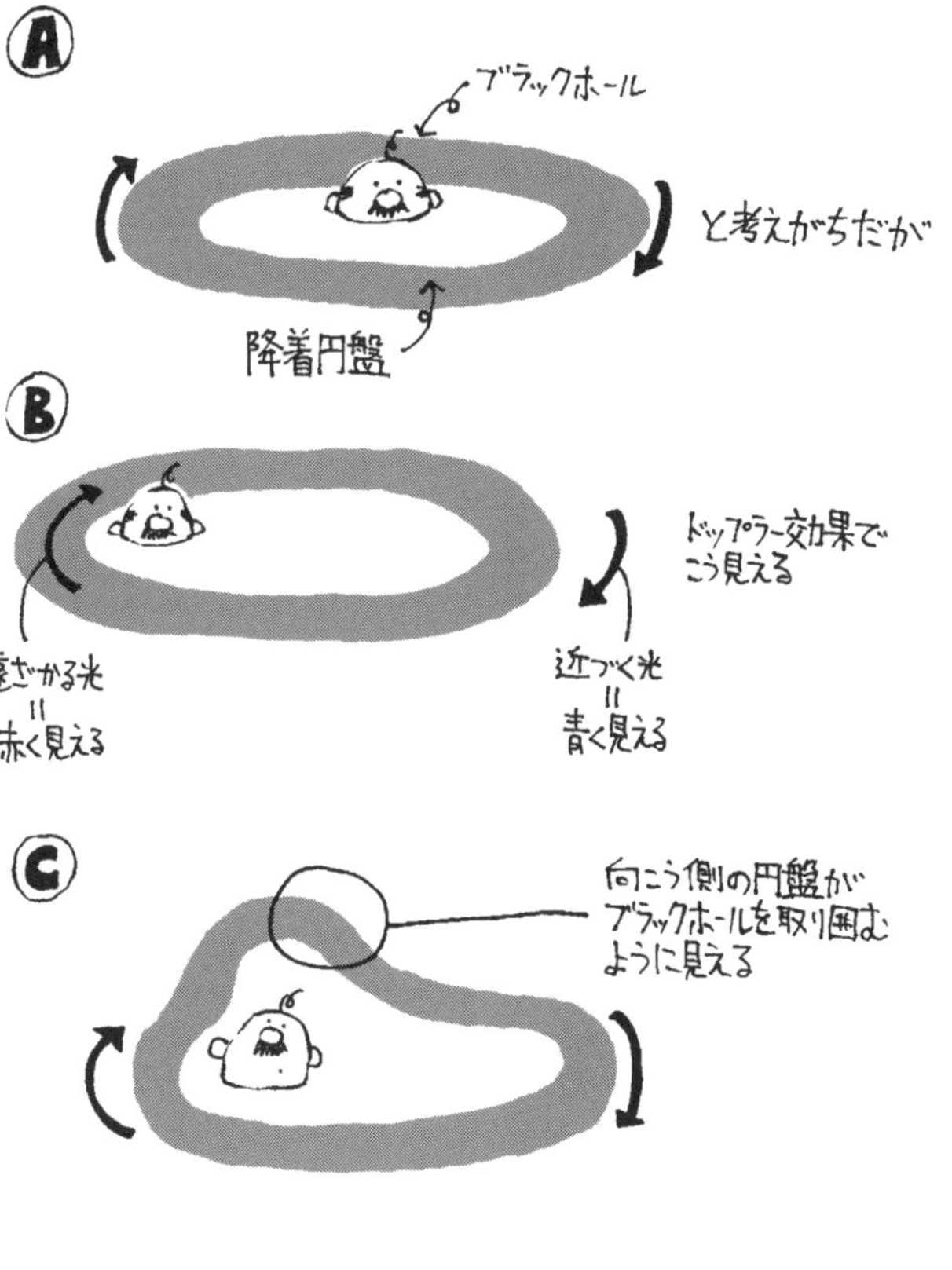

見えるでしょう。これは音でおなじみのドップラー効果による現象です（イラストB）。

さらにブラックホールの強い重力によって光は曲げられるので、本来見えないはずのブラックホールの向こう側にある円盤部分からの光もわれわれに届くことになります。これらの効果のため**実際に観測される円盤は、円盤の向こう側がブラックホールを取り囲むように浮き上がって見える**でしょう（イラストC）。

さらにブラックホールが回転している場合は、その回転によってまわりの空間が引きずられるということが起こります。その結果、円盤が回転するために起こるドップラー効果をさらに強めることになります。

こうして観測される円盤の形とそこに空いた黒い穴の大きさを見ることによって、ブラックホールの質量や回転についての情報が得られることになります。

天の川銀河もミニクェーサーだった

ほとんどの銀河の中心にブラックホールが存在することが確実になると、第1章で述べたクェーサーはそれほど特別な天体ではないことがわかります。

銀河はより小さな銀河が合体したり、大きな銀河が小さな銀河を飲み込んだりして、だんだんと私たちの銀河系やアンドロメダ銀河のような一人前の大きな銀河に成長していきます。

その過程で中心のブラックホールも合体をくり返して大きくなりますが、**まわりに大量の物質があるとそれがどんどんブラックホールに飲み込まれる過程で大きな降着円盤をつくり、そこから大量のエネルギーを放出するのです。これがクェーサーです。**

私たちの銀河でもクェーサーほどの巨大エネルギーではありませんが、**小規模なエネルギー放出はときどき起こっています。**銀河中心のブラックホールから約350光年離れたところに「いて座B2」と呼ばれる低温ガス領域がありますが、2002年、日本のX線グループは、この領域がX線を反射していることを観測しました。

この領域は銀河の中心方向に近い部分だけが明るく輝いており、銀河中心からのX線によって照らされたと考えられます。その反射されたX線の明るさから、もともとのX線強度は太陽の100万倍程度と推定されています。350年ほど前に中心のブラックホールに星が落ち込み、まわりに高温の降着円盤ができて大量のX線が放射されたのでしょう（実際には2万8000＋350年前）。

ほかにもこのように中心からのX線で照らされた領域が観測されていますが、中心に近いほど暗くなっているので、350年以降、中心のブラックホールの活動は徐々に弱くなっているものと思われます。

ちなみに「活動」と書きましたが、ブラックホールの活動とは「吸い込むこと」です。吸い込みつづけてもはや周囲に吸い込むものが何も残っていない場合、ブラックホールは活動を停止します。活動しないまま存在しているだけで、消えてなくなってしまうわけではありません。

私たちの銀河も今日《こんにち》の姿になるまでには、**小さな銀河をいくつも飲み込んできた**と考えられています。**そのたびに中心のブラックホールはクェーサーのエンジンとなって、莫大なエネルギーを放出した**のでしょう。その証拠ともいうべき痕跡《こんせき》が最近発見されています。

2008年にスペースシャトルから打ち上げられたガンマ線観測衛星「フェルミ宇宙望遠鏡」によって、銀河円盤の上下に、銀河中心から放出されたように見える巨大な泡構造が発見されたのです。ガンマ線で淡く輝くその泡は、直径3万光年にもなる広がりです。

これを「フェルミバブル」といいますが、これは過去に銀河中心のブラックホールの活発な活動を示すという考えが有力です。かつてブラックホールから放出されたエネルギーの名《な》残《ごり》がガンマ線によって輝いて見えるのです。

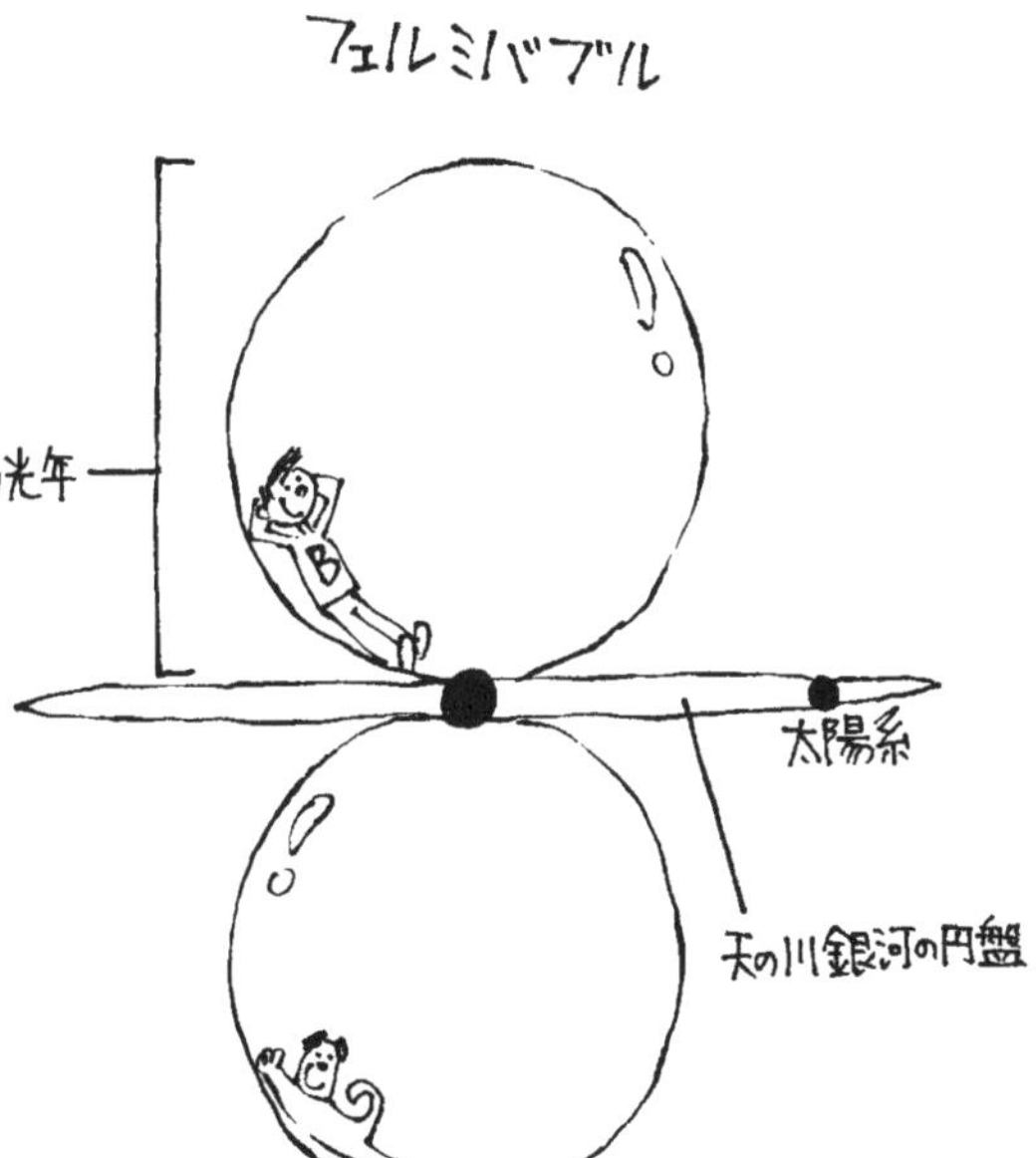
フェルミバブル
3万光年
太陽系
天の川銀河の円盤

ただ私たちの銀河の中心に存在するブラックホールは、巨大とはいっても、たとえばM87の中心ブラックホールと比べれば、大人と子供以上の差があります。したがってクェーサーほどエネルギーを出していたかは疑問です。クェーサーのミニチュア版といったところでしょうか。

第3章　ブラックホールの上手な見つけ方

中性子星《ちゅうせいしせい》が生まれるメカニズム

オッペンハイマーやペンローズたちが示したように、重力崩壊の果てはブラックホールです。では、ブラックホールはどのようにしてできるのでしょうか。それを知るために、まず中性子星《ちゅうせいしせい》のでき方を見てみましょう。そこからブラックホール形成のヒントが得られるでしょう。

私たちの銀河系にはたくさんの中性子星が存在していますが、地球に近いものとして、7200光年かなたの「かに星雲」にある中性子星があります。このかに星雲に注目してみましょう。かに星雲の写真を見ると、この星雲が爆発で飛び散ったように感じる人も多いでしょう。まさにそのとおりです。

いまから約8200年前、日本では縄文《じょうもん》時代の早期で、人々が集落をつくり穏やかに生活していた頃のことです。太陽から遠く離れた宇宙空間では、太陽の10倍程度の重さをもち、100倍以上に膨《ふく》らんだ星が最期の時を迎えようとしていました。

星（恒星）が生まれてから死ぬまでにたどるプロセスを「星の進化」といいます。
星はその一生のほとんどを「主系列星《しゅけいれつせい》」と呼ばれる状態で過ごします。主系列星は、その中心で水素の原子核（陽子《ようし》）同士が融合してヘリウム原子核（陽子２個、中性子２個）になる反応によってエネルギーを放出し、そのエネルギーが熱に変わって外に伝わることで、自分自身の重さを支え、輝いています。

中心部で陽子がなくなると、今度はヘリウム原子核が融合して炭素《たんそ》や酸素などのもっと重たい原子核（天文学では、宇宙初期にできるヘリウム以外の大きな原子核をすべて「重たい」といいます）をつくり、エネルギーを放出します。どこまで融合反応がつづくかは星の重さによりますが、**より重たい星ほど中心部の温度が高くなり、より重たい元素まで核融合反応が進みます。**

太陽程度の重さの星では、ヘリウムの融合反応で終わり、最終的に白色矮星《はくしょくわいせい》になってしまいます。一方、太陽の８倍以上重たい星では鉄の原子核までできます。星全体の質量は太陽質量の８倍以上ですが、中心部にできた巨大な鉄の塊《かたまり》の質量は、太陽質量のせいぜい２倍程度です。

鉄の原子核同士はもはや融合できません。融合しないのでエネルギーは出ないのですが、中心部のまわりで核反応が起こっていて中心部の温度はじわじわと上がり、100億度にもなります。すると鉄が溶け出してあっという間に中心部が重力崩壊を起こし、急速に収縮します。その際、原子核の中の陽子は電子を吸収して中性子に変わり、今度は中性子の巨大な塊ができるのです。

陽子が電子を吸い込むと、**ニュートリノ（電子ニュートリノ）が発生**しますが、超新星爆発（後述）では10の58乗（1000兆個の1000兆倍のその1000兆倍のその10兆倍）前後のニュートリノが放出されます。このニュートリノはほかの物質の影響をほとんど受けないため、内部から直接外に飛び出してきます。

ちなみに1987年に大マゼラン星雲に現れた超新星爆発では、このニュートリノが11個日本の岐阜県・神岡《かみおか》鉱山の地下1000メートルに設置されたニュートリノ観測装置（カミオカンデ）で検出されました。

一方、中心部にできた巨大な中性子の塊はカチンカチンに硬くなって、上から猛烈《もうれつ》な勢いで落ちてくる星の外層の物質をはね返し、はね返された物質が落ち込んでくる物質と衝突して大爆発を起こします。これが**「超新星爆発」**です。このときの明るさは銀河全体の10パーセントにも達します。そして**残るのが中心の中性子の塊、中性子星**です。

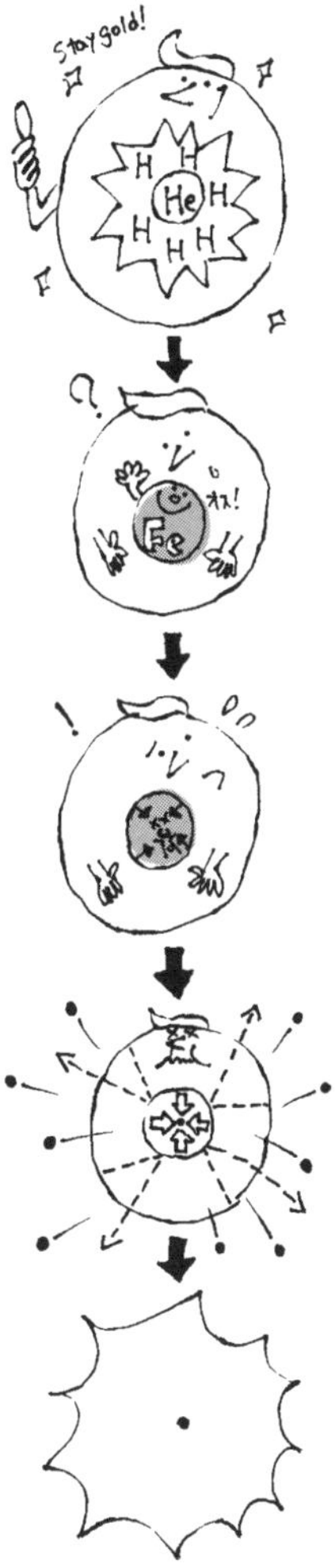

主系列星
内部の核融合反応で
輝いている星

大質量星は中心部に
鉄の塊ができる

高温で鉄が溶けて
中心部が急速に収縮
（重力崩壊）

大量のニュートリノが
放出される

大爆発し、中心部の
中性子星が残る
（超新星爆発）

８２００年前にこのような大爆発が起こり、その輝きは７２００年の間、宇宙を旅して西暦１０５４年に地球に届きました。中国と日本にその記録が残っています。

夜空に急に木星ほどの明るく輝く星が出現し、３週間は昼間でも見え、約2年の間、夜空で輝き、消えていったといいます。日本は当時平安朝の末期で、末法《まっぽう》思想がはびこっていました。人々はこの天変地異に恐れおののいたことでしょう。

重たい星の最後にブラックホールができる

中性子星ができるメカニズムはわかったでしょうか。

中性子星表面の重力がどれだけ強いかは、その星の重力を振り切って宇宙に飛び出すのに必要な速度（脱出速度）を計算してみればわかります。**質量が太陽の2倍、半径が12キロメートルの中性子星の場合、脱出速度はなんと秒速15万キロメートル程度、光速の半分にも達します。**

これだけ重力が強くなると、中性子星表面での時間の遅れも大きくなり（一般相対性理論の「重力が強いと時間の進みが遅くなる」を思い出してください）、中性子星表面の１秒が遠方では約１・15秒に対応します。

しばらくの間中性子星の近くに滞在すれば、地球の未来に戻ることができて、未来へのタイムマシンができることになります。もっとも中性子星表面での重力加速度は地球表面の１兆倍も強いので、人間はそこに一瞬でもいられるというわけにはいきません。

これほどに重力の強い中性子星なので、もう一歩でブラックホールにすることができそうです。それには、中性子星はそれ以上重たくなれないという限界質量があることを思い出してください。

この限界質量の正確な値《あたい》は、中性子星の内部がどのような状態になっているかとか、中性子星全体がどの程度の速さで回転しているかによって違ってきますが、大ざっぱにいって太陽質量の３倍程度だろうと考えられています。ということは、いまある中性子星に大量の質量、たとえば太陽質量の２倍程度の星を落として合体させてやればいいと思うでしょうが、そう簡単には進みません。

中性子星と巨大な星（巨星）が連星をつくっていることはそれほど珍しいことではありませんが、巨星がまっすぐ中性子星に落ちて、中性子星と合体することはありません。巨星の表面がはぎとられ、中性子星のまわりを回る円盤をつくります。そしてその円盤のいちばん内側から、少しずつ物質が中性子星に降り注ぐという手順を踏むことになるのです。

ではブラックホールはどうしたらできるでしょう。**中性子星からつくるのではなく、もっと重たい星からつくる**のです。星の数はその質量が大きくなればどんどん少なくなってきますが、それでも太陽質量の数十倍の星は銀河系の中にいくらでもあります。

そのような重たい星は中心部が非常に高温になって核反応が急激に進むので、数百万年程度の寿命しかありません。急速に進化してあっという間に鉄の中心核をつくります。そしてそれが重力崩壊を起こし中性子の塊ができますが、このときの質量はチャンドラセカールの限界質量を超えていて、重力崩壊を止めることができないのです。

こうして**太陽の30倍程度以上の重たい星が進化した最終段階で、中心にブラックホールができる**と考えられています。

中性子星ができる場合、中心部に落ち込んできた星の外層は吹き飛ばされて大爆発を起こしますが、中心にブラックホールができた場合は、落ち込んでくる物質のほとんどはブラックホールに吸い込まれて大きな爆発は起こさず、明るく輝くことはないだろうと思われていました。これを「サイレントスーパーノヴァ（沈黙の超新星）」と呼ぶことがあります。

暗くて観測はできないものの、このようなサイレントスーパーノヴァは銀河系の中に大量

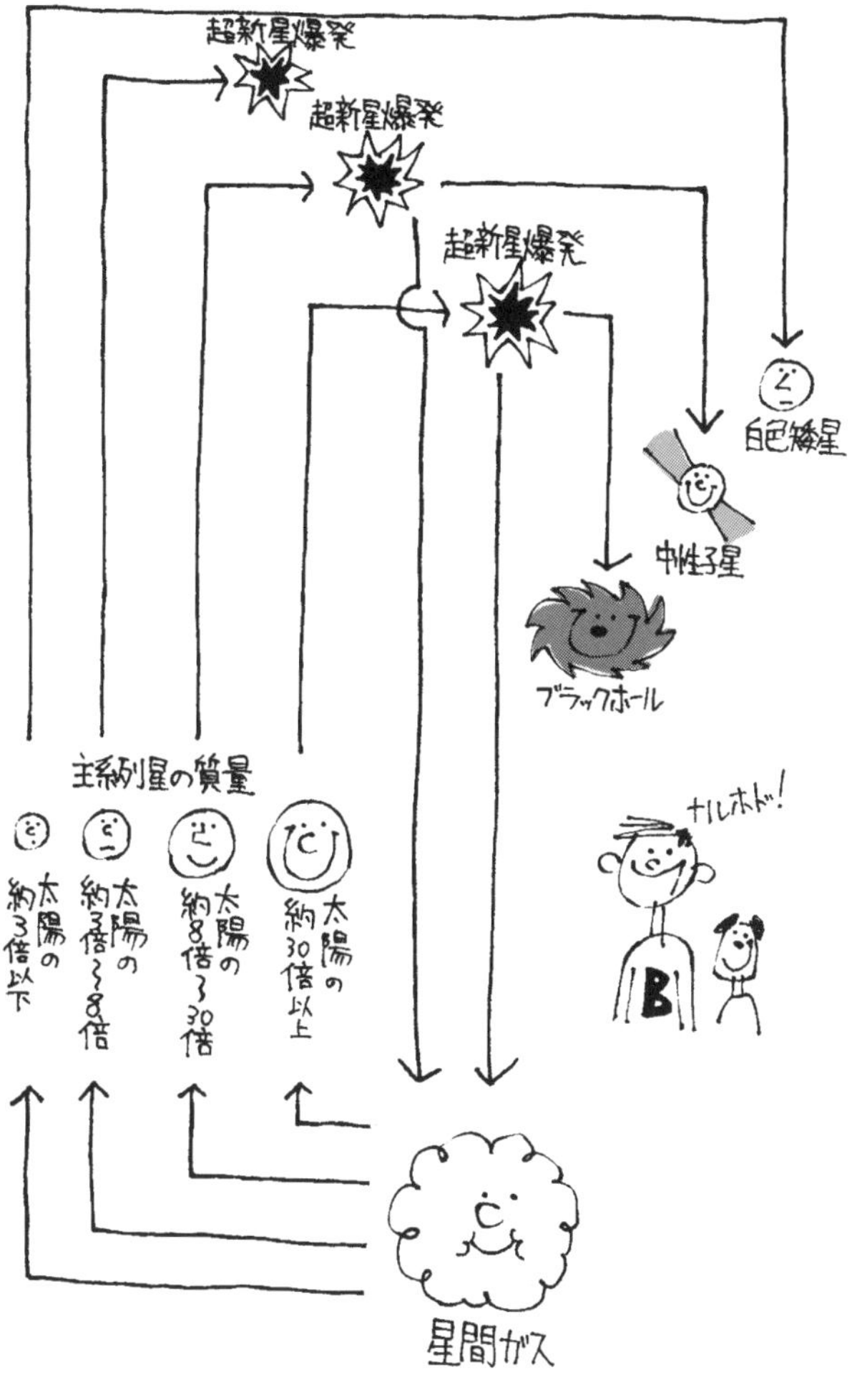

超新星爆発
超新星爆発
超新星爆発
白色矮星
中性子星
ブラックホール
主系列星の質量
太陽の約3倍以下
太陽の約3倍〜8倍
太陽の約8倍〜30倍
太陽の約30倍以上
ナルホドッ!
星間ガス

にあるだろうと思われていました。

しかし自然は、ブラックホール出現という晴れ舞台にふさわしい、もっと派手な演出を用意していたのです。それが「ガンマ線バースト」です。

ブラックホール出現を告げる「ガンマ線バースト」

第2次世界大戦のすぐ後から、アメリカと当時のソビエト連邦は緊張関係に入り、お互いに核開発に没頭《ぼっとう》しはじめました。大気圏内のものも含め、2000回以上もの核実験がおこなわれました。

1963年になってようやく、大気の放射能による汚染を防ぐため、地下核実験以外を禁止する「部分的核実験禁止条約」が結ばれました。そこでアメリカはこの条約が守られているかどうかを監視するため、1963年から1975年までに12基の核実験監視衛星を打ち上げました。

この衛星は核実験で発生するX線やガンマ線、そして中性子の検出装置を備えていました。これらの衛星は、幸運にも核実験は検出しませんでしたが、まったく想定していなかった宇宙からやってくるガンマ線を見つけたのです。

それは1967年7月のことです。これまで見たことのない約8秒にわたるガンマ線の閃《せん》光《こう》が検出されたのです。1973年頃までには同じような現象が23回ほど観測され、「ガンマ線バースト」と呼ばれるようになりました。

発見当初からガンマ線バーストの正体は謎でした。ガンマ線はX線よりさらに波長が短く、エネルギーの大きな電磁波です（肉眼で見える光は波長50～500ナノメートルの電磁波ですが、ガンマ線はその5000分の1以下の波長です）。

したがって、**短時間にガンマ線を放射する天体は、超新星のようなとてつもなく激しい爆発現象を起こしている天体**にちがいありません。

しかしガンマ線バースト天体までの距離がわからない限り、それがどれだけのエネルギーの爆発現象かはわかりません。ガンマ線は非常にエネルギーが高いため、可視光のようにレンズで焦点《しょうてん》に集めて像を結ばせることができず、やってくる方向がわからないのです。そこで研究者たちは、複数の衛星がガンマ線を検出する時間差に着目しました。

いま、2つの衛星AとBが同時にガンマ線を受け取ったとしたら、その2つの衛星はガンマ線天体から同じ距離にあるはずだから、AとBを結ぶ線を底辺とする二等辺三角形の頂点にガンマ線天体はいるはずです。これは、天球上では１つの直線上のどこかにいるということになります。

しかしＡのほうがＢより早くガンマ線を受け取っていたら、ＡＢを底辺としガンマ線天体を頂点とする三角形はＡのほうにより傾いているでしょう。こうしていくつかの衛星を使えば、ガンマ線バースト天体の天球上での位置の見当がつくのです。

地球を周回する衛星ばかりでなく、１９７０年代後半からは惑星探査衛星も使えるようになり、１９８０年代前半には１００個程度のガンマ線バースト天体の、天球上での位置がわかってきました。

さらに１９９０年代に入って打ち上げられた新たな衛星によって、１日に２、３個のペースでガンマ線バーストが検出され、トータルで約２７００個が発見されました。それらが全天にほぼ一様に分布していることを明らかにしたのです。

このことは**ガンマ線源が宇宙全体に散らばっていて、銀河系の比較的近くの天体現象ではない**ことを示唆《しさ》しています。もし銀河系内の現象であれば、銀河面（銀河系の円盤部分）にガンマ線源が集中しているはずだからです。

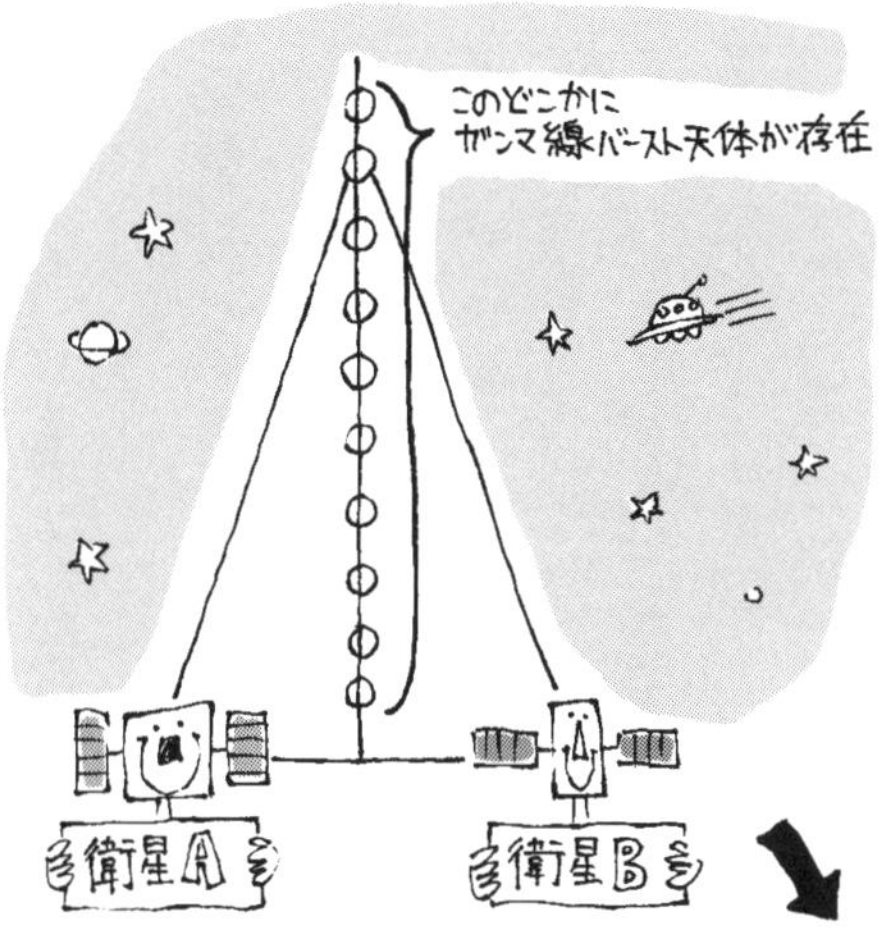
このどこかに
ガンマ線バースト天体が存在
衛星A
衛星B

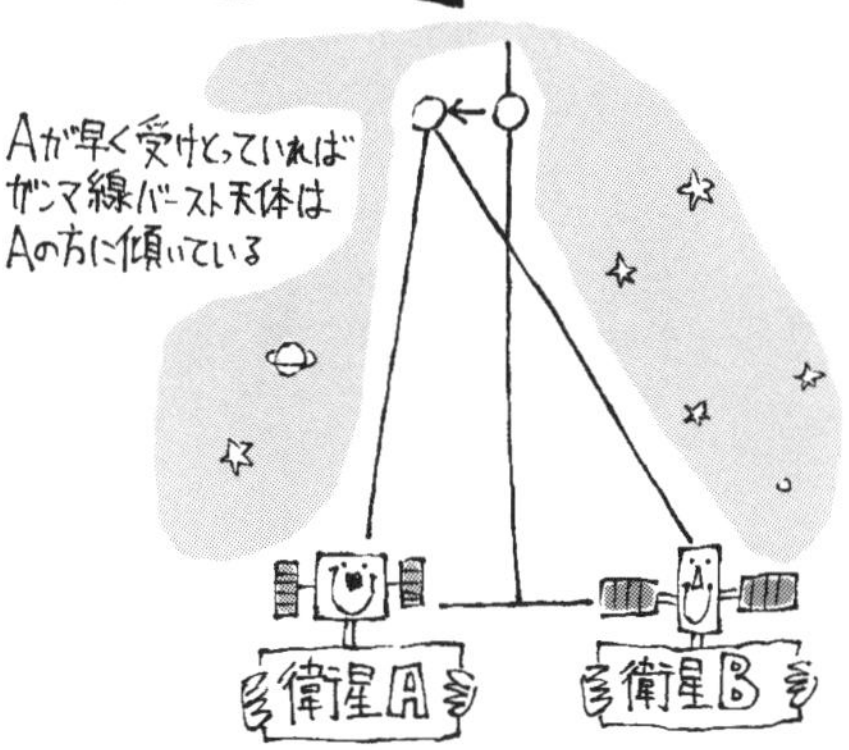
Aが早く受けとっていれば
ガンマ線バースト天体は
Aの方に傾いている
衛星A
衛星B

もしガンマ線源が遠方銀河内の現象であるとすると、そのエネルギーは超新星爆発をはるかにしのぐものとなり、宇宙最大の爆発ということになります。

超新星爆発をしのぐ大爆発「極《ごく》超新星」

ガンマ線バースト天体が、銀河系よりもはるかに遠方の天体であることの直接的な証拠も見つかりました。ガンマ線バーストの直後、同じ位置でX線、可視光、電波が淡く輝くことが観測されています。

これを「アフターグロー」といいますが、1997年5月に検出されたガンマ線バーストのアフターグローをハワイ島マウナケア山頂に置かれた口径10メートルのケック望遠鏡をつかってくわしく調べたところ、アフターグローを取り囲む淡い銀河をとらえました。

そのスペクトルから距離を測定した結果、**このガンマ線バースト天体の距離が100億光年よりも遠方にあることがわかった**のです。

こうして、ガンマ線源が遠方の銀河の中で起こっている出来事であることが確実になりました。

多数のガンマ線バーストが観測されると、**ガンマ線バーストは、２秒を境に継続時間が短いものと長いものの２種類に分類される**ことがわかってきました。それらをそれぞれ**ショートガンマ線バースト、ロングガンマ線バースト**と呼びます。

相変わらずガンマ線バーストの正体は不明でしたが、１９９８年になって幸運な発見がありました。この年の４月25日に検出されたロングガンマ線バーストのアフターグローを調べていたところ、そこに小さな銀河が見つかったのです。この銀河までの距離を調べてみると、たったの1億２５００万光年であることがわかりました。

ガンマ線バーストは宇宙の果てで起こる現象と思っていた天文学者たちは驚きましたが、同時にガンマ線バーストを解明するチャンスととらえました。近くで起こったことなら、くわしい観測が可能だからです。

観測をしてみるとはたして3日後、この銀河に超新星（爆発）が現れたではありませんか。ガンマ線バーストは超新星なのか、と思ったのもつかの間、この超新星はこれまで観測されたことのないような超新星だったことがわかったのです。

まずこの超新星の明るいこと。普通の超新星の10倍も明るかったのです。さらに爆発で吹き飛ばされたガスの速度を測ってみると、なんと光速度の10パーセントにも達していました。光速の10パーセントというのは秒速3万キロメートル、時速にするとその3600倍ですから時速1億キロメートル以上です。普通の超新星ではせいぜいその10分の1といったところです。

そしてこの超新星爆発によって放出されたエネルギーは、銀河系のすべての星が1秒間に出すエネルギーに匹敵《ひってき》していました。これは木星の質量分のエネルギーに相当するとんでもないエネルギーです（アインシュタインの特殊相対性理論では「エネルギー＝質量×光速度の2乗」となります。木星は地球の300倍以上の質量をもつ星なので、そのエネルギーはものすごいのです）。普通の超新星の10倍から100倍ものエネルギーになるのです。

何から何まで異例だったので、このような**特に明るい超新星を「極超新星」**あるいは「極《ごく》超新星」と呼ぶようになりました。英語では超新星を「スーパーノヴァ」、極超新星を「ハイパーノヴァ」といいます。

こうして、ロングガンマ線バーストがどうも超新星、それもこれまで発見されていた超新星とは別種のものに関係しているらしいことがわかってきました。

2003年、決定的な出来事が起こりました。この年の3月29日には3つのロングガンマ線バーストが観測されましたが、その１つのアフターグローが特に明るく詳細な観測が可能だったのです。

その結果、ガンマ線バースト天体までの距離が約20億光年であること、そしてスペクトルの観測からそれが極超新星のものにそっくりなことがわかりました。こうして少なくとも、**ロングガンマ線バーストの正体が極超新星であることが確からしくなった**のです。

ただしそれでも問題は残ります。１００億光年かなたのロングガンマ線バーストも発見されていて、それが地球で検出されるほどの強力なガンマ線を出したとすると、そのエネルギーは通常の超新星の数百倍にもなってしまいます。極超新星とはいっても、そんなエネルギーを出すとは物理学の常識として考えられないのです。

極超新星とは何なのでしょう。その前にちょっと脇道にそれて、ガンマ線バーストが地球におよぼす影響について触れておきましょう。

ベテルギウスからガンマ線が襲来⁉

電磁波は波長が短いほど高いエネルギーをもっています。同じ強さの光を浴びても赤外線では肌《はだ》が焼けず、紫外線で肌が焼けるのはそのためです。**ガンマ線は**紫外線に比べて１００

分の1以下と波長が短いので、**紫外線の100倍以上のエネルギーをもっています。**ある程度以上のガンマ線を生物が浴びると、遺伝子が傷つき致命的なダメージを受けてしまいます。ガンマ線バーストでのガンマ線はダメージどころのレベルではありません。700光年程度以内でガンマ線バーストが起こり、それが地球に降り注ぐと、大気中のオゾン層を完全に破壊してしまいます。

さらに**600光年程度以内でガンマ線バーストが起こり、地球に降り注ぐと、大気そのものがはぎとられてしまいます。**極超新星ではなく超新星の場合でも、ガンマ線は出てきます。

冬の夜空をかざるオリオン座は最も有名な星座の1つです。その姿はギリシャ神話のオリオンが棒を振り上げて、襲ってくる巨牛に立ち向かっているさまを表しています。このオリオンの右肩で輝いている1等星が、ベテルギウスです。

ベテルギウスは太陽質量の約20倍、大きさは太陽の1000倍という巨大な星です。太陽以外では望遠鏡で直接その大きさを測ることができる唯一《ゆいいつ》の星です。ハッブル宇宙望遠鏡の観測では、星の表面の一部がまわりに比べて高温であることまでわかっています。

このベテルギウス**は星の進化の最終段階に入っていて、いつ爆発（超新星爆発）を起こしてもおかしくありません。**もしかすると、すでに爆発しているかもしれません。というのは、ベテルギウスまでの距離は約６５０光年と見積もられているので、いまこの瞬間にベテルギウスがどうなっているかを知るには、６５０年待たなければいけないのです。

ベテルギウスがもし爆発したとすると、その明るさはマイナス11等（星が明るいほどマイナスの等級となる。太陽はマイナス26・７４等）程度となります。いちばん明るいときの木星がマイナス３等くらいですから、その千数百倍に輝くことになります。満月の明るさはその2倍程度ですから、どれだけ明るいかがわかるでしょう。

問題は明るいだけではありません。ベテルギウスの超新星爆発はX線やガンマ線も出します。もしそんな高エネルギーの電磁波が地球に降り注いだら、人類の存続もあやしくなってしまうでしょう。

しかしそのような**高エネルギーの電磁波は、ある特定の方向（磁極方向）にしか放射されない**ことがわかっています。たまたまベテルギウスの磁極の方向が地球に向いていない限り（そしてその可能性は低いので）、それほど心配することはありません。

とはいえ、過去の地球をガンマ線バーストが襲った可能性は否定できません。

実際に屋久島の屋久杉に含まれる放射性元素と年輪の解析《かいせき》から、西暦７７５年にガンマ線が地球に降り注いだことが名古屋大学の研究者によって明らかにされています。これがガンマ線バーストによるものか、あるいは太陽表面の大爆発によるものかはわかりません。

いまから**数億年前に起こったオルドビス紀の大絶滅はガンマ線バーストによるものだ、という説があります。**生命の進化の歴史をみると、過去何度か大量絶滅が起こっていることがわかっていますが、その原因は氷河期や小惑星の衝突による気候変動だと思われていました。オルドビス紀に7000光年程度以内で極超新星が起こり、10秒程度にわたってガンマ線バーストが地球を襲ったとすると、オゾン層の半分が破壊され、太陽からのガンマ線が直接地表に降り注いで多くの生命種が絶滅することになる、といいます。しかしこの説には直接的な証拠はなく、真偽《しんぎ》のほどはよくわかりません。

ブラックホールから噴き出すジェット

さて、ロングガンマ線バーストの正体、極超新星とはいったいどんなものなのでしょう。星の最期の大爆発であることは間違いありません。現在、考えられているシナリオは次のとおりです。

太陽質量の30倍以上の大質量の星は、中心の温度がきわめて高温のため核融合反応が急速に起こり、数百万年という天文学では非常に短い時間で中心部の水素が燃え尽き、次から次へと核融合反応が進んで鉄の中心核ができます。その過程で星は不安定になり、膨《ふく》らんだり縮んだりして外層を吹き飛ばします。

中心に鉄の塊ができる頃には、もともと星をつくっていた水素やヘリウムといった物質はすっかり吹き飛ばされ、鉄のまわりにケイ素、マグネシウム、ネオンなどの原子核からできた外層をもった星ができあがります。

ところがこの星の鉄の中心核はあまりに重いため、自分自身の重さを支えることができず、急激につぶれてブラックホールができます。

このときできる**ブラックホールは、もともとの星が高速で回転していると、もっと速い速度で回転する**ことになります。

フィギュアスケートのスピンを思い出してください。腕を広げて回転をはじめて、腕をたたむと回転のスピードが速くなるのと同じ理屈《りくつ》です。**大きなものが回転していて、小さくなると回転が速くなる**のです。これを物理学では「角《かく》運動量の保存」といいます。

こうしてできた高速回転しているブラックホールにもともとの星の外側の物質が落ち込み

ますが、このときブラックホールのまわりに円盤をつくります。この円盤ももちろん高速で回転しています。

円盤ができると不思議なことが起こります。**落ち込んだ物質の一部が自転軸の方向に細く絞《しぼ》られて、猛烈な勢いで飛び出してくる**のです。このメカニズムは完全にわかっているわけではありませんが、円盤内で発達した磁場が深くかかわっていると考えられています。

このジェットの速度は光の速度にほぼ等しく、それがまだ落下していない星の外層の物質とぶつかってガンマ線が放射されます。放射されるガンマ線も回転軸方向に細く絞られています。そしてその方向がたまたま地球を向いたとき、ガンマ線バーストとして観測されるのです。

前にガンマ線バーストの中には、普通の超新星の数百倍ものエネルギーを放出するものがあるという話をしました。そんなエネルギーを短時間のうちに出すメカニズムは、現在の物理学では考えられないことも述べました。しかしこのエネルギーの評価には、ガンマ線が全方向に放射されたとしたら、という仮定があるのです。

ここで述べたメカニズムの場合、ガンマ線バーストは正反対の2方向しか出てこないので、超新星の数百倍ものエネルギーを放射する必要はなく、せいぜい10倍程度となり、私たちが

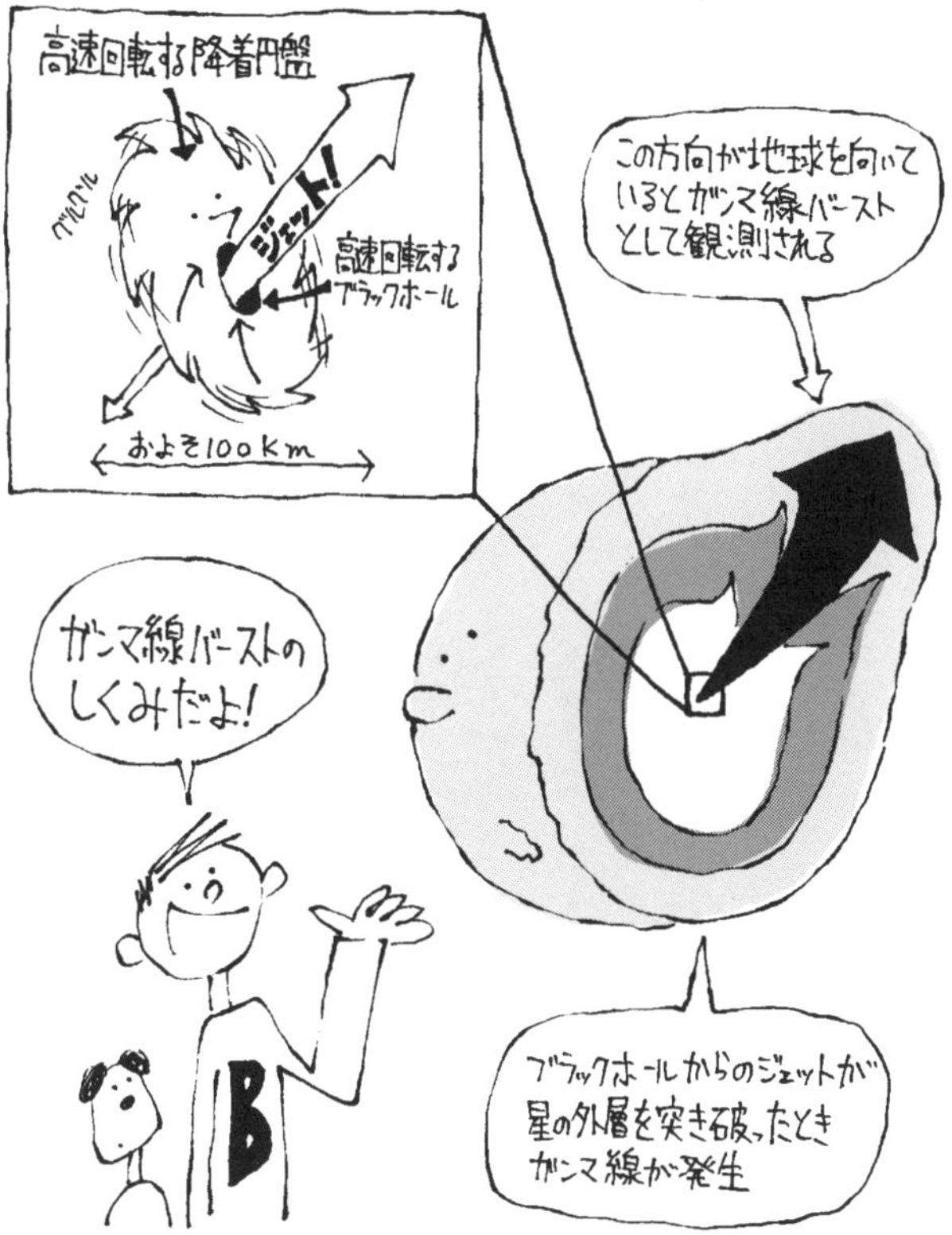
高速回転する降着円盤
ジェット!
グルグル
高速回転するブラックホール
およそ100km
この方向が地球を向いているとガンマ線バーストとして観測される
ガンマ線バーストのしくみだよ!
ブラックホールからのジェットが星の外層を突き破ったときガンマ線が発生
B

知っている物理学で十分説明することができると考えられています。

X線を出さないブラックホールは「重力レンズ」で探す

X線を使った観測や周辺の星の運動の観測からすでにブラックホールは発見されていますが、宇宙にはもっともっとたくさんのブラックホールが存在します。

質量が太陽の30倍以上の重たい星がつくられる割合はそれほど大きくありませんが、銀河には1000億程度の莫大《ばくだい》な数の星が存在します。大質量の星は寿命が短いので、銀河が生まれてから現在に至るまで、生死をくり返してブラックホールをつくってきたはずです。

したがって、**1つの銀河には何百万というブラックホールがうようよしている**と思われます。

もちろん私たちの銀河系の中にも、太陽質量と同程度からその10倍程度のブラックホールがたくさん飛び回っています（超新星爆発のとき、爆発が等方的でなく、ある程度の速度をもつとブラックホールは動くのです）。それらは**X線を出すような降着円盤をもたないでしょう。このようなブラックホールを見つける方法はあるのでしょうか？**

その方法として考えられ、現在観測が進んでいる方法があります。**それは「重力レンズ」を利用すること**です。

地上でボールを投げると、放物線を描いて地面に落ちていきます。地球の重力で引っ張られるからです。重力はあらゆるものに同じように働くので、まったく同じことが光に対しても当てはまります。**光は重力によって曲げられる**のです。それが目立たないのは光の速度が非常に速いためです。

じつは光が重力によって曲がることは、19世紀にすでに指摘されていました。ただし、どのくらい曲がるかという正しい値は、アインシュタインのつくった新しい重力理論（一般相対性理論）でわかったことです。

「重力レンズ」はこの光と重力の働きを利用したものです。銀河系の中にある星からの光が地球に届く途中でブラックホールの近くを通ると、曲げられて2つの像ができます。このときブラックホールがレンズの働きをしているのです。

ただし2つの像の間は数マイクロ秒角（1マイクロ秒角は1度角の100万分の1）しか離れていないので、どんな望遠鏡でも2つに分離して見ることはできず、1つの像にしか見えません。**分離して見えないかわりに2つの像が1つに見えるので、重力レンズを受ける前**

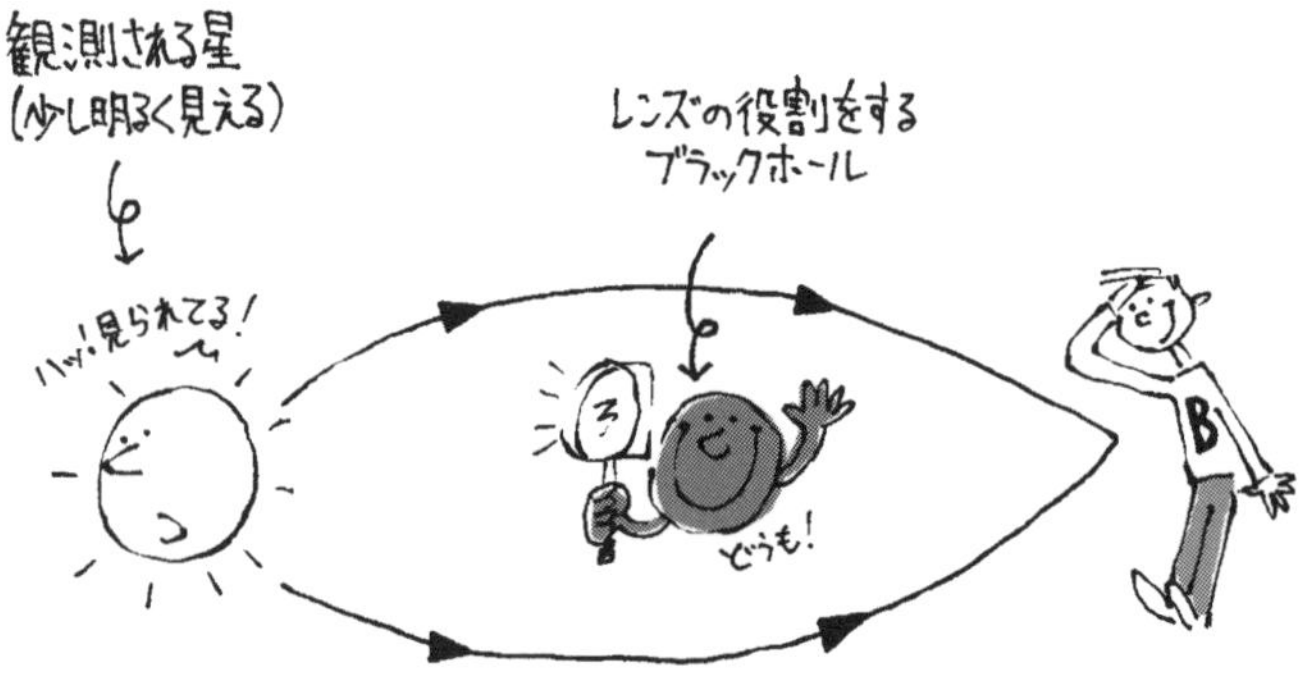

重力レンズの原理

に比べて少し明るく見えるのです。

さらに重力レンズを受けたとき、天球上での位置もわずかに変わります。これらのことを観測することによって、銀河系内のブラックホールを見つけようというのです。

この観測はハッブル宇宙望遠鏡を使ってはじめられています。ハッブル望遠鏡でなければこのようなわずかな変化を観測できないからです。

問題はブラックホールがたくさんあるとはいっても、広大な銀河系の中にちりばめられているので、どの方向にブラックホールがあるか前もってわからないことです。そこでいくつかの方向を決めて、何千万という星を長い間見つづけていなければなりません。

すでにそれらしい候補は見つかっていますが、まだ確定的ではありません。あと何年後かには、もっと確実なブラックホール候補が見つかるでしょう。

ブラックホール誕生の瞬間を「重力波」でとらえる

ガンマ線バーストには2種類あり、ロングガンマ線バーストの正体は、ブラックホールをつくる極超新星だという話をしました。では残ったショートガンマ線バーストの正体はいったい何でしょう。２つの中性子星の衝突という説が有望ですが、まだ確定的なことはわかっていません。

もし中性子星の合体だとすると、合体の結果、ブラックホールができるでしょう。その場合、ブラックホールができたことを確実に判定できる観測があります。これは「重力波」を使うことです。これはまだ実用化されてはいませんが、ブラックホールを見つける最終兵器です。中性子星同士の合体ばかりでなく、中性子星とブラックホール、ブラックホール同士の合体も見つけることができます。

まず重力波について説明しましょう。重力波は一般相対性理論で初めて予言された現象です。

激しい天体現象が起こると、その天体のまわりの空間がゆがみます。空間が伸びたり縮んだりすると思ってください。**この振動がどんどん遠くに伝わっていく現象が、重力波**と呼ばれるものです。

どのくらい空間が変化すると思いますか？　たとえば１０００光年かなたで超新星爆発が

天体
重力波
空間のゆがみがさざ波のように伝わっていく

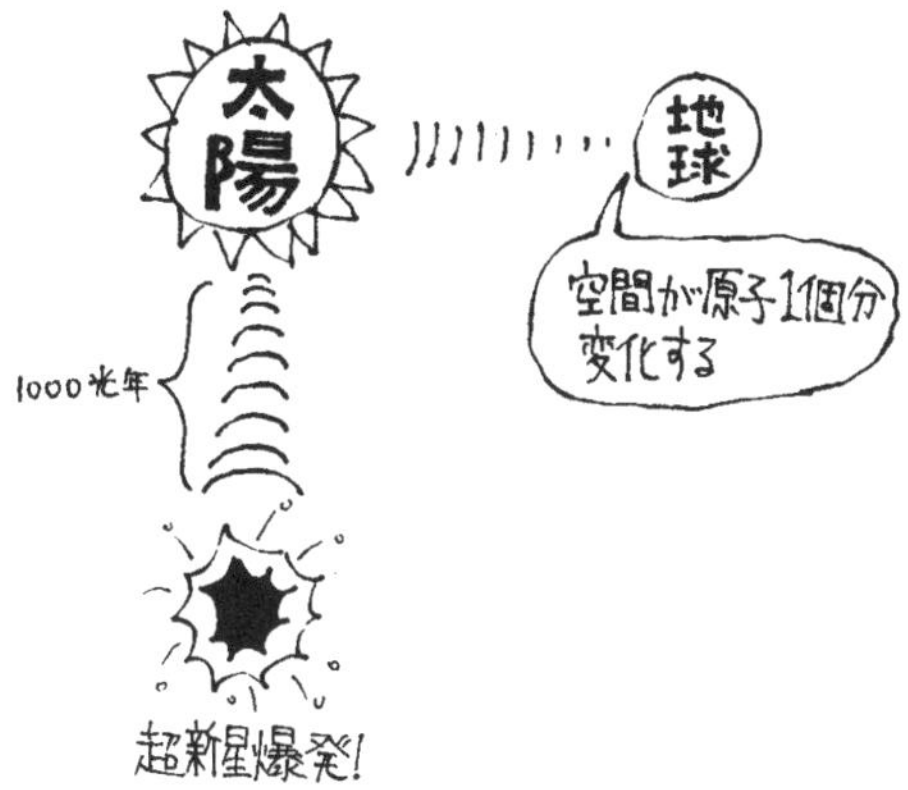
太陽
地球
空間が原子1個分変化する
1000光年
超新星爆発!

起こったとしたら、その影響は地球と太陽の間を原子1個分程度変化させます。たった原子1個分です。

こんな小さな変化を検出する装置がいくつか建設されています。日本でも岐阜県の地下1000メートルにある神岡鉱山の跡地で建設がはじまっています（KAGRA《カグラ》計画＝大型低温重力波望遠鏡計画）。

これらの重力波望遠鏡で確実に観測されるのが、中性子星の合体とそれにつづくブラックホールの形成です。というのは、この現象で出てくる重力波にはいろいろな特徴があるからです。

合体前は規則的な振動、合体最中は爆発的な変化、そしてブラックホールができると規則的な振動に戻りますが、その振動の大きさがだんだん小さくなっていくのです。しかも合体前の規則的な振動から合体する中性子星の質量を読み取ることができ、ブラックホールができた後の振動の様子から、できたブラックホールの質量がわかるのです。

いまあるものや建設中の重力波望遠鏡では、銀河系内の中性子星の合体しか見ることができませんが、そのうち遠い銀河の中で起こる中性子星やブラックホールの合体も見ることができるでしょう。

ショートガンマ線バーストの正体が本当に中性子星の合体現象なのかどうか、そして宇宙が本当にブラックホールだらけであることもわかるでしょう。

重力波観測のしくみ

ここであまり聞き慣れない重力波の観測について、少し触れておきましょう。

１９６０年に物理学会に一大ニュースが駆け巡りました。アメリカ、メリーランド大学の実験物理学者ジョセフ・ウェーバー教授が銀河系中心からの重力波を観測したと発表したのです。

ウェーバー教授のつくった望遠鏡はとても奇妙な形をしていました。それは直径約90センチメートル、長さ約１・５メートルの重量１・４トンという大きなアルミの筒をワイヤーで天井から吊《つ》るしたものだったのです。

重力波がやってくると空間が伸びたり縮んだりします。それにつれてアルミの筒も伸びたり縮んだりします。その伸び縮みを検出しようとしたのです。ただし伸び縮みといっても原子１個分くらいです。そんな変化を測るため、ウェーバーはアルミの筒に少しでも変形すると電気が起こるという性質をもった金属を貼りつけました。

それをワシントンのメリーランド大学に、そしてまったく同じものを約１０００キロメートル離れたシカゴ近郊に設置しました。

重力波はその源《みなもと》から球面状に広がりますが、かなり遠方の天体からやってくる重力波は、地球上ではほとんど平面波としてよいでしょう。

したがって何千キロメートル離れていても、２つのアルミの筒はほぼ同時に変形することが期待されます。重力波以外で２つのアルミの筒を同時に変形させることは、まったくの偶然しか考えられず、その確率は非常に小さいと考えたのです。

残念ながらこの発見は間違いだったと考えられています。

現在の重力波望遠鏡はウェーバー型ではなく、巨大な干渉計《かんしょうけい》です。干渉計というのはレーザー光を半透明の鏡で直交する２方向に分けて、それぞれを干渉計の腕と呼ばれる経路に導き、ある距離をおいた鏡で反射させて、ふたたび１つの光に合成する装置です。

光は波なので、波の山と谷が交互に入れ替わって伝わります。腕の長さが同じなら、分けられた２つの光を再合成すると山と山、谷と谷が一致し元の光に戻ります。しかし腕の長さが少しでも違うと、戻ってきた２つの光の山の位置、谷の位置がずれており、再合成すると、

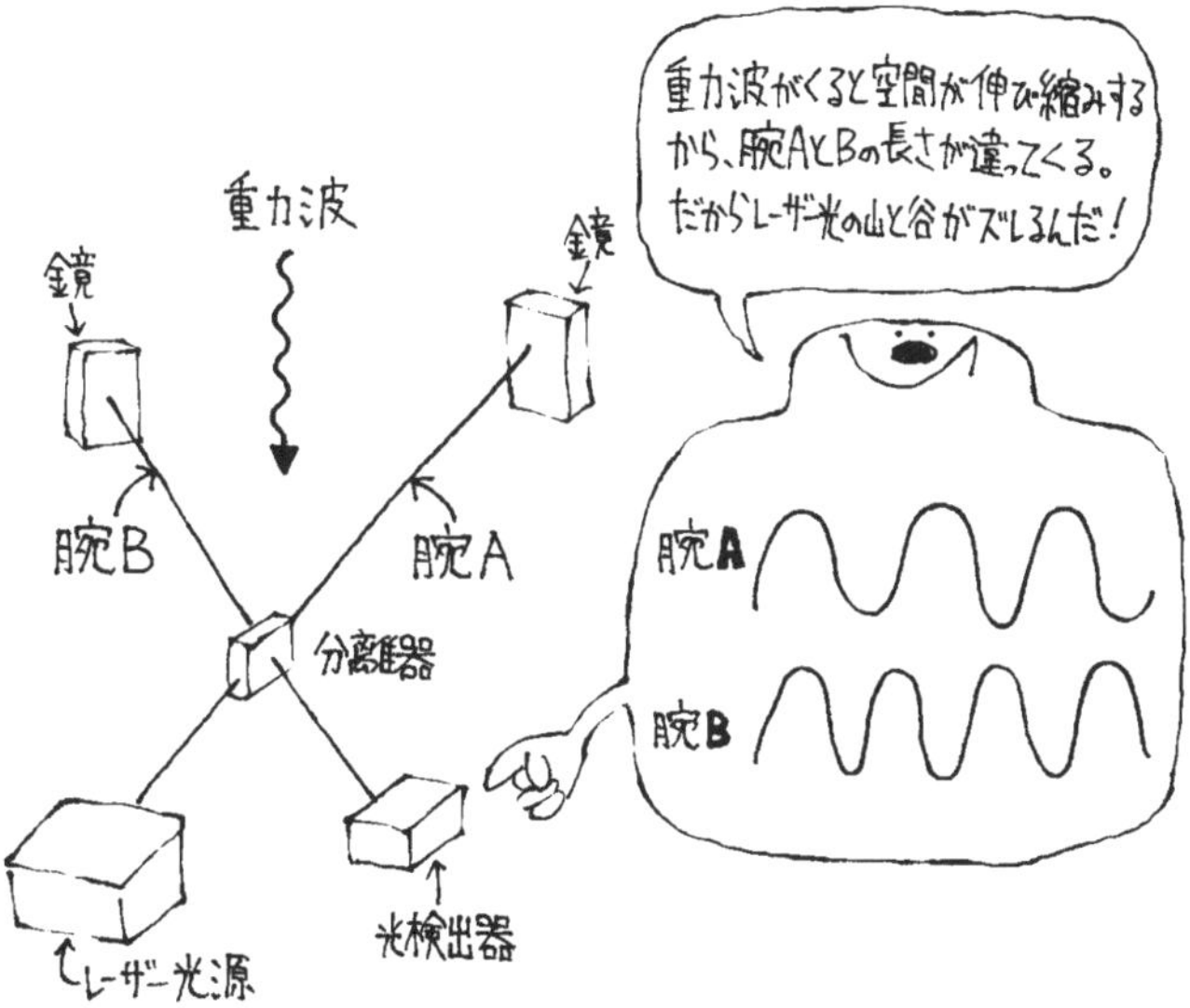
重力波
鏡
鏡
腕B
腕A
分離器
レーザー光源
光検出器
重力波がくると空間が伸び縮みするから、腕AとBの長さが違ってくる。だからレーザー光の山と谷がズレるんだ！
腕A
腕B

重力波干渉計のしくみ

元の光とは違ったものになるのです。

そして、重力波がくると空間が伸び縮みするため、腕の長さが違ってきます。この違いを測ることで重力波を調べることができるのです。

第4章　ブラックホール観光ツアー

「ブラックホールに毛が3本」定理

ブラックホールは、自分自身の重さを支えられずに際限なくつぶれた天体です。ブラックホールをつくるもとになった星には、1つとして同じものはありません。質量も違えば、その温度も違います。質量が同じでも、内部の構造やどんな元素がどれだけ含まれているかが違うこともあります。星は自転していますが、その速さも違うでしょう。一般に星は振動していますが、その振動の様子も違います。

これらの違いによっては、最後の大爆発の様子もかなり違っているでしょう。くわしく見れば、1つ1つのブラックホールのでき方には、同じものなどないはずです。したがって、できあがったブラックホールにもいくつもの種類があるのではないかと考えるのが自然です。ところが、そうでもないのです。

すこしの間、回転のことは忘れましょう。質量は同じですが、まったく違う物質からできていて、大きさも違う2つの星が爆発して、2つのブラックホールができたとします。2つのブラックホールの質量は同じです。では、大きさはどうでしょう。元の星の大きさが違うので、違う大きさのブラックホールができると思いませんか。

ところが、大きさは同じです。仮にブラックホールの中に入れるとして、中をのぞいてみても何の違いもありません。まったく同じブラックホールができるのです。

今度は太陽質量の30倍の星と90倍の星――この2つのまったく違った星から2つのブラックホールができたとしたらどうでしょう。もちろん星の質量は違います。星の大きさも違います。

しかし、新しくできたブラックホールの大きさは、星の質量によって決まってしまいます。太陽質量の90倍のブラックホールは、30倍の質量のブラックホールの3倍の大きさになります。

要するに、これらの場合のブラックホールは、質量以外の性質は何ももっていないのです。**ブラックホールになる前の星がどんな性質（質量、大きさ、物質組成、温度、形など）をもっていても、ブラックホールになってしまうと質量をのぞいてすべての性質は消えてしまう**のです。内部構造もまったく同じになります。

小さいころ顔も体形も国籍も性別も違っていても、体重が同じなら年をとると見分けがつかなくなってしまうようなものです。

では、もともとの星が回転している場合や電荷《でんか》を帯びている場合はどうでしょう。このような星がブラックホールになったら、**回転していたことや電荷を帯びていたという性質は残ります。**

今度はブラックホールの大きさが、質量に加えて、電荷や回転の程度によって決まってしまうのです。この３つの性質以外のすべての性質はどこかに消えてしまうのです。

このことをブラックホールという言葉の名づけ親、アメリカの物理学者ジョン・ホイーラーは、「ブラックホールには毛がない」といいました。もう少し物理学らしくいうと、「**ブラックホールの無毛定理**」となります。

ブラックホールをつくる星にはいろいろな性質（毛）があっても、ブラックホールになる過程で３本の毛（質量、回転、電荷）以外のすべての毛が抜けてしまうということです。ですから、正確にいえば「**ブラックホールに毛が３本**」となります。

ほかの情報は本当に消えたのでしょうか？　じつはこれは物理学の根本にかかわる非常に深遠な問題で、この本の最後のほうで触れることにします。

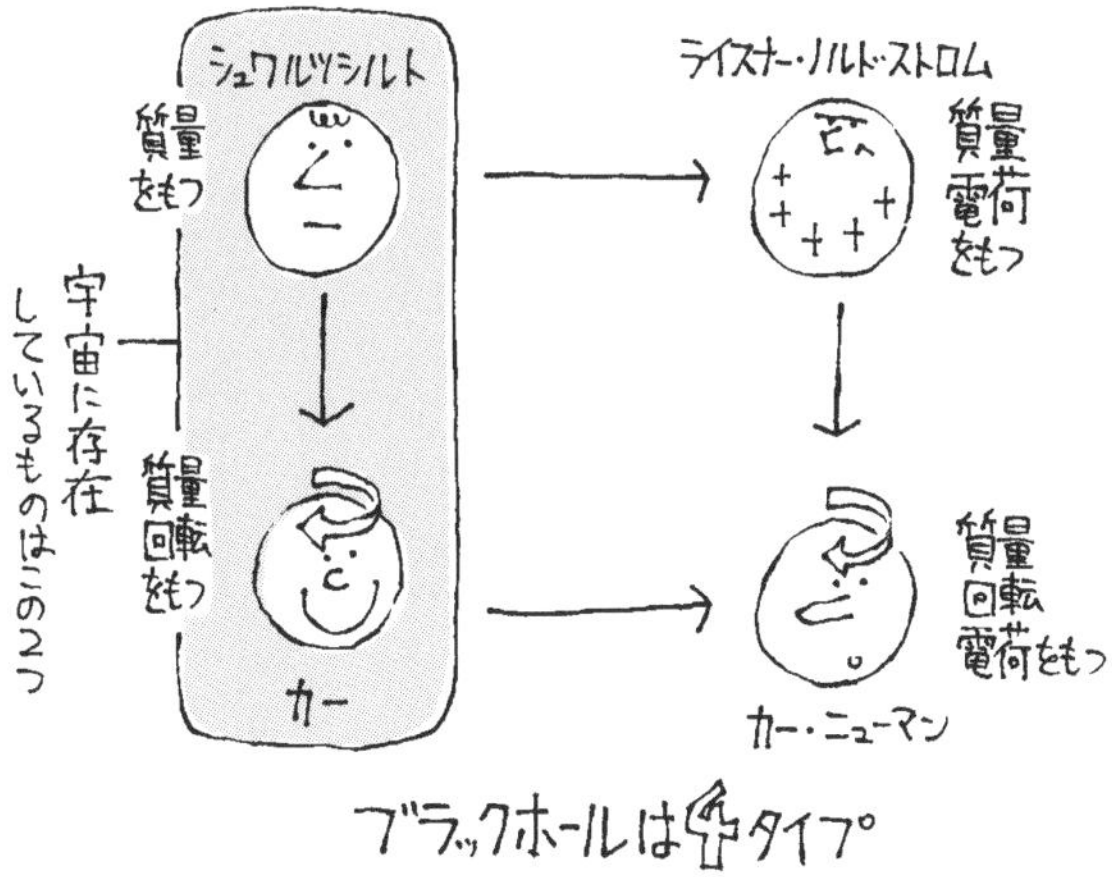

ブラックホールは4タイプ

ブラックホールは4種類、でも存在するのは2種類だけ

「ブラックホールに毛が3本」定理から、宇宙に存在するブラックホールは、質量だけをもつもの、質量をもち回転しているもの、質量と電荷を帯びているもの、質量、電荷を帯び回転しているものの4種類に限られます。

質量だけをもつものをシュワルツシルト・ブラックホール、質量をもち回転しているものをカー・ブラックホール、質量と電荷をもつものをライスナー・ノルドストロム・ブラックホール、そして3つ全部の性質をもつものをカー・ニューマン・ブラックホールといいます。

ここでもう一度、ブラックホールとは何か思い起こしておきましょう。

ブラックホールとは、その中に入ると二度と出てこられなくなる時空の領域です。その表面とは、遠くから見るとそこで外向きに出した光が止まって見えるところです。これは表面から出た光がいつまでたっても遠くに届かないということです。名前は違っても、これら4種類のブラックホールはどれもこの性質をもっています。

これらの4種の名前は、それぞれのブラックホールを見つけた人の名前です。ブラックホ

ールを〝見つけた〟という意味を説明しておきましょう。

第1章で、オッペンハイマーたちが一般相対性理論で、星が自分の重力でつぶれてブラックホールになるのを見つけたという話をしました。このときのブラックホールは、シュワルツシルト・ブラックホールです。

一般相対性理論では、**重力があると時間の進みが遅くなり、空間が曲がります**。これを時間と空間をひとまとめにして時空として扱い、時空が曲がると表現します。**「重力＝時空の曲がり」**です。

この**時空の曲がり方を決めているのがアインシュタイン方程式**です。オッペンハイマーたちは、このアインシュタイン方程式を解いて、シュワルツシルト・ブラックホールに行き着いたのです。

それより前、１９１６年にシュワルツシルトがアインシュタイン方程式を解いていてブラックホールを見つけていたのですが、当時誰も太陽質量の星が半径３キロメートルに縮むことなど考えもしなかったので、彼の見つけた解の重要性は認識されませんでした。

このようにブラックホールを表すアインシュタイン方程式の解を見つければ、その人の名前がつくのです。

ちなみにアインシュタイン方程式を、回転がない場合に解くのは比較的容易です。大学の理学部にいけば3年生くらいで解くことができます。しかし回転している場合は、誰も解けるとは思っていませんでした。

私は大学4年生向けの授業で一般相対性理論を教えています。回転している場合は教えることがあっても、解き方は4年生のレベルを超えているので、単に解を表す式を見せてエルゴ領域（後述）の話などをするだけですが、その式もとても複雑です。

ブラックホールの種類の話に戻りましょう。ブラックホールには4種類あるといいましたが、電荷には正と負があって、天体は正の電荷と負の電荷が同じだけ含まれていて全体として中性になっているので、自然界に存在するブラックホールは電荷を帯びていないと考えられています。

したがって**宇宙には、シュワルツシルト・ブラックホールとカー・ブラックホールの2種類だけが存在**しています。

そこでこの2種類のブラックホールについて、その外側から内部までをくわしく見ていきましょう。

シュワルツシルト・ブラックホールへ出発

最初は、**回転していない真ん丸の形のシュワルツシルト・ブラックホール**を見てみましょう。先ほど説明したように、このブラックホールは質量がわかるとすべての性質が決まります。

たとえば大きさ（半径）は、太陽質量の場合、３キロメートルとなります。**ブラックホールの半径のことを「シュワルツシルト半径」といいます。**

質量と大きさは比例しているので、たとえば太陽質量の１００倍のブラックホールがあると、そのシュワルツシルト半径は３００キロメートル、銀河系中心にある太陽質量の４００万倍のブラックホールでは、シュワルツシルト半径１２００万キロメートルという具合です。

太陽質量程度のブラックホールの場合、たとえブラックホールから１００キロメートル離れていても受ける重力は地球上の１万倍にもなるので、訪れるなら太陽質量よりもはるかに大きなブラックホールのほうが安全でしょう。なぜなら、**質量の大きいブラックホールほどその重力がおよぼす物体や人体への影響が小さくなる**のです。この影響とは潮汐力《ちょうせきりょく》（引き伸ばしたり、バラバラに引き裂く力）のことです。これは場所によって重力の強さや方向が違うことで起こる力です。ブラックホールが大きければ大きいほど、表面上の場所による違いが少ないので、潮汐力が弱いのです。

たとえば銀河系中心のブラックホールなら、たとえ表面の近くでも潮汐力は地球上の１００万分の１程度となり、ブラックホールの重力はほとんど感じません。銀河系中心のブラックホールにしましょう。

では、宇宙船に乗って、シュワルツシルト・ブラックホール観光ツアーに出かけましょう。

宇宙船は遠くからゆっくりと、ブラックホールのまわりを回りながら近づいていきます。銀河系中心のブラックホールのまわりには物質はなく、降着円盤もないとしておきます。

遠くに離れていても、すぐ気がつくことがあります。前方の宇宙空間に、**星や銀河の光がまったくない、不自然に真っ黒な部分がある**のです。そうです、この真っ黒な部分にブラックホールが潜んでいるのです。

近づくと、ブラックホールの存在を示す真っ黒な穴の同心円上を細長い光がとり囲んでいることがわかります。この光は、もとはブラックホールの背後にある星や銀河の光なのですが、**ブラックホールの強い重力によってそれが細長く引き伸ばされた**のです。

多くの明るい天体がブラックホールの真後ろに群がっているときには、引き伸ばされた光がつながり、ブラックホールの周囲が指輪の形になって明るく輝きます。

このように重力を受けて像がゆがんで見えたり、明るくなって見えたりするのは、重力レンズ効果を受けたものですが、**特に指輪状になったものは「アインシュタインリング」といいます**。さいわい、今回のツアーでもアインシュタインリングを観ることができました。

このアインシュタインリングの中心の真っ黒な穴は、近づくにつれ、どんどん大きくなってきます。単に近づくからという理由ではなく、**光が重力によって曲げられる影響で、見かけの大きさがどんどん大きくなって迫ってくる**のです。

銀河系中心にあるブラックホールの半径の３倍（約３６００万キロメートル、ちなみに水星の公転軌道半径が約５８００万キロメートル、太陽の半径は約70万キロメートルです）の距離まではエンジンをかけなくても円軌道を保っていることができるので、たとえばブラックホールの半径の10倍のところにしばらくとどまって、この壮大な眺めを楽しみましょう。

このときのブラックホールの見かけの大きさは、だいたい10度くらいです。月の見かけの大きさが30分（１度の半分。１分＝１度の60分の１）ですから、その20倍ほどの大きさの真っ黒な穴が空間に浮かんでいるように見えるでしょう。宇宙船はそのまわりを約３時間、時速2億5000万キロメートルで一周します。
十分に眺《なが》めを堪能《たんのう》したら、宇宙船をブラックホールに近づけましょう。

視界に迫る真っ暗な穴とゆがんだ宇宙空間

ブラックホールの半径の3倍以内に入ると、危険度が高くなります。円軌道には乗れるのですが、ちょっとした影響でブラックホールに落ち込んだり、逆に遠くに振り飛ばされてしまいます。微妙なエンジン・コントロールをしなければ、円軌道を保つことができません。あまりお勧めできませんが、もう少し近づいてシュワルツシルト半径の2倍くらいのところで我慢《がまん》しておきましょう。ブラックホールを一周するのにだいたい100秒、このときの速度は、光速度の半分程度になっています。

ブラックホールの後ろに明るい天体がある場合は、特に面白いでしょう。**周回する宇宙船から見る外の景色は、視界のほとんどが真っ黒なブラックホールで占められ、地平線の少し上にアインシュタインリングの一部が広がっています。**ブラックホールの中は漆黒《しっこく》の闇《やみ》で、当たり前ですが何も見えません。巨大なブラックホールが黒々と口を開けている姿に、乗客

巨大な黒い瞳が迫ってくるような
シュワルツシルト・ブラックホールの見え方

宇宙船の軌道

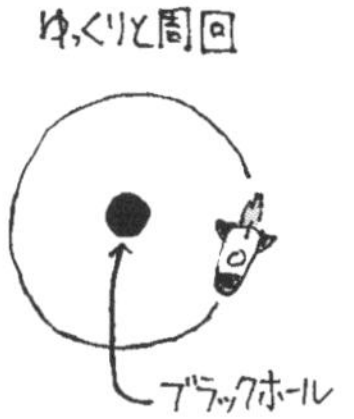

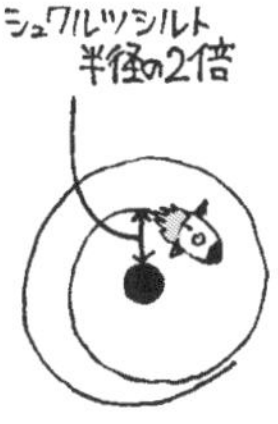

重力の影響で近づくにつれ
見かけの大きさが大きくなって
いくので、このように巨大に見える

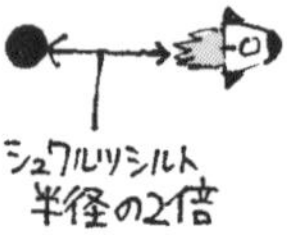

周回するのを止めて
ブラックホールに向けて
フルパワー噴射。
それでもひっぱられて宇宙船は
じりじりと降下する

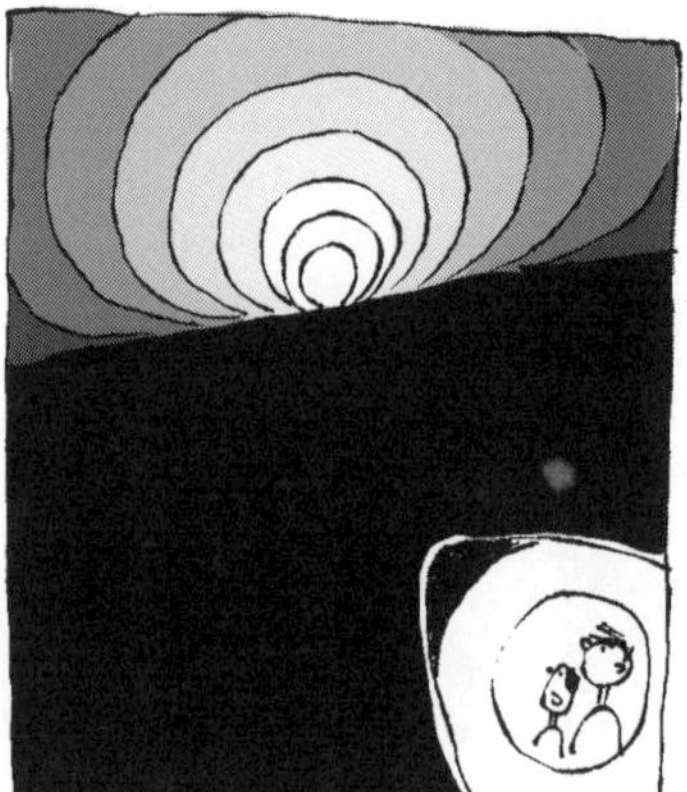

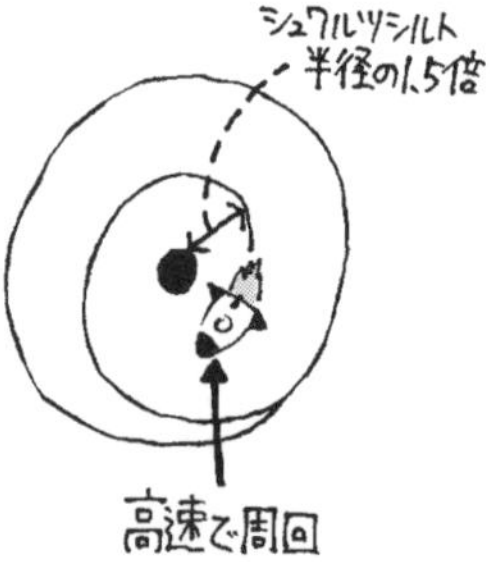

は恐怖をおぼえるかもしれません。

本来なら周囲に広がっているはずの星空は、高速で運動するため特殊相対性理論の効果によって引き伸ばされ、流れるように宇宙船の進行方向の１点へと集まっていく――このように見えます。

このようなブラックホールの近くでは超高速度で円軌道をまわるより、いったん止まってブラックホールに船尾を向けて、エンジン全開で噴射したほうがよいでしょう。フルパワーで噴射してもブラックホールの強力な重力に抗いきれず、宇宙船はその場でゆっくりと、高度を下げるように下降していきます。まだ引きずり込まれる危険ゾーンには入っていないので、安全は確保できています。

このときの光景も見ものです。船外の景色は一変し、先ほどまで見えていたゆがんだ星空が視界から去り、漆黒の闇に包まれています。**前方、つまりブラックホールと正反対の方向を見ると、まるで深い井戸の中から外を見上げたように、円形に圧縮された全宇宙が猛烈な明るさで輝いている**のです。

この景色はなぜ強烈な輝きを放っているのでしょう。宇宙からやってくる光はすべて重力によって引きつけられ、エネルギーが非常に高くなっているからです。直接見ては目がつぶれてしまいますので、遮光率《しゃこう》の高いサングラスをかけてください。

ギリギリまで近づくと見える奇妙な光景

ブラックホールの半径の1・5倍より内側に入ってしまうと、そもそも円軌道を保つことができなくなってしまいます。この半径では、光だけが円軌道を保つことができます。しかしそれも一瞬です。あっという間に、光もブラックホールに落ち込むか、遠くに振り飛ばされるかです。この位置では、重力に対抗して一定の距離を保つには、光の速さ以上の速度で回らなければならないからです。

これより内側に入ったとしても、ブラックホールの表面を越えなければなんとか戻ってくることができますが、ちょっとした間違いで越えてしまったら大変です。

２０１２年、イタリアの豪華客船が航路を外れてある島に近づきすぎて座礁《ざしょう》、転覆した事故がありました。船長がその島出身の船員のために近寄ったとか、船長が島にいる友人に合図するために近寄ったなどといわれています。

近づきすぎるのは危険だとわかってはいても、ブラックホールを間近に観光することができるせっかくの機会です。宇宙船の船長は客へのサービスのため、ブラックホールの半径の1・5倍まで近づきました。

ブラックホールからの距離を保つために、宇宙船はほとんど光速度に近い猛烈な速さでブラックホールのまわりを回ります。そのおかげで、乗客たちはほかでは見られないような光景を目にすることができました。

それは**トンネルの中を車で疾走《しっそう》するような光景**です。視界の下はブラックホールの黒い闇ですが、前方に明るい出口が見えるがごとく、宇宙全体が明るく輝いて見えます。その**輝きはだんだんと赤く、そして暗く色を変えて、**トンネルの壁面のように、**後ろに飛び去っていきます。**まるで光のトンネルの中を進んでいるように見えるのです。この光景を見せたくて、船長は危険を冒したのでした。

しかし、どんなことにも間違いはあります。細心の注意を払ったブラックホール観光ツアーは悲劇に終わることになってしまいました。気がついたときにはもう遅かったのです。操縦ミスによって、**宇宙船はブラックホールの表面（事象の地平面）を越えてしまっていました。**

まっすぐ落ちていくと10秒程度で、宇宙船も何もかも、ラーメンの麺のように細長く引き

伸ばされて、最後はバラバラになってしまいます。その直前まで、不幸な観光客はどんな光景を見るのでしょうか？

地平面を超えたときには何の変化もありません。ブラックホールはやはり下に黒く存在しているだけです。何かに突っ込んだという感覚はまったくありませんが、もう何をしても無駄です。あっという間に中心に近づき、宇宙全体がつくる光のトンネルの中で悲惨な最期を迎えます。

くれぐれもブラックホールに近づきすぎないようにしてください。

回転するブラックホール「カー・ブラックホール」

星は大なり小なり回転しているので、星からブラックホールができるとすれば回転しているでしょう。どんな時空がありえるかというのは、一般相対性理論から決まります。

もっとくわしくいえば、一般相対性理論は重力を時空の曲がりとして表しますが、その曲がり方を決めている方程式があります。それがアインシュタイン方程式でした。いろいろな状況でアインシュタイン方程式を解くことで、いろいろな性質をもった時空が現れます。

たとえばシュワルツシルト・ブラックホールなら、物質がなく（真空）、空間はある点のまわりで「球対称（ある点を中心とすると、どの方向を向いても空間はまったく同じように見えるということ）」、そして中心から遠く離れれば平坦な普通の空間になる（漸近《ぜんきん》的に平坦性）という条件をつけて、アインシュタイン方程式を解けば、シュワルツシルト・ブラックホールを表す解（＝時空）が出てきます。

回転しているブラックホールを表すアインシュタイン方程式の解は、やはり真空、漸近的に平坦という条件をつけますが、**球対称の代わりに「軸対称」という条件をつけて解けばよい**のです。軸対称というのは、ある軸（回転軸）のまわりでどの方向に対しても空間は同じに見えるということです。球対称との違いは、軸という特別方向があるということです。

解けばよいのです、とはいうものの、アインシュタイン方程式というのはとんでもなく複雑な方程式で、誰も解けると思っていませんでした。

１９６３年、ニュージーランド出身で当時テキサス大学オースティン校にいたロイ・カーによって、のちに「カー解」と呼ばれるカー・ブラックホールを表すアインシュタイン方程式の解が発見されました。

しかし発見当初は、ほとんどの研究者が何を表す解か見当がつかなかったといいます。それどころか、当時の一般相対論の学会でカー自身の話を聞いたほとんどの研究者も、何の話をしているのかすらわからなかったという話も聞きました。

しかしまもなくこの解の意味と重要性が認識され、ブラックホールの研究は一挙に進んだのです。それほど重要な発見でした。

ぐるぐる回る「エルゴ領域」

カー・ブラックホールは、シュワルツシルト・ブラックホールに比べて複雑で面白い性質をもっています。

まず回転していることで、**「慣性系の引きずり」**という効果が現れます。これは難しい言葉を使っていますが、**ブラックホールの回転に引きずられてまわりの空間も回転するということ**です。

たとえばブラックホールに向かってまっすぐにボールを落としても、ブラックホールに近づくにつれてブラックホールの回転方向に少しずつずれていくのです。ボールはあくまでまっすぐ落ちているのですが、ボールの乗っている空間自体がブラックホールのまわりを回転

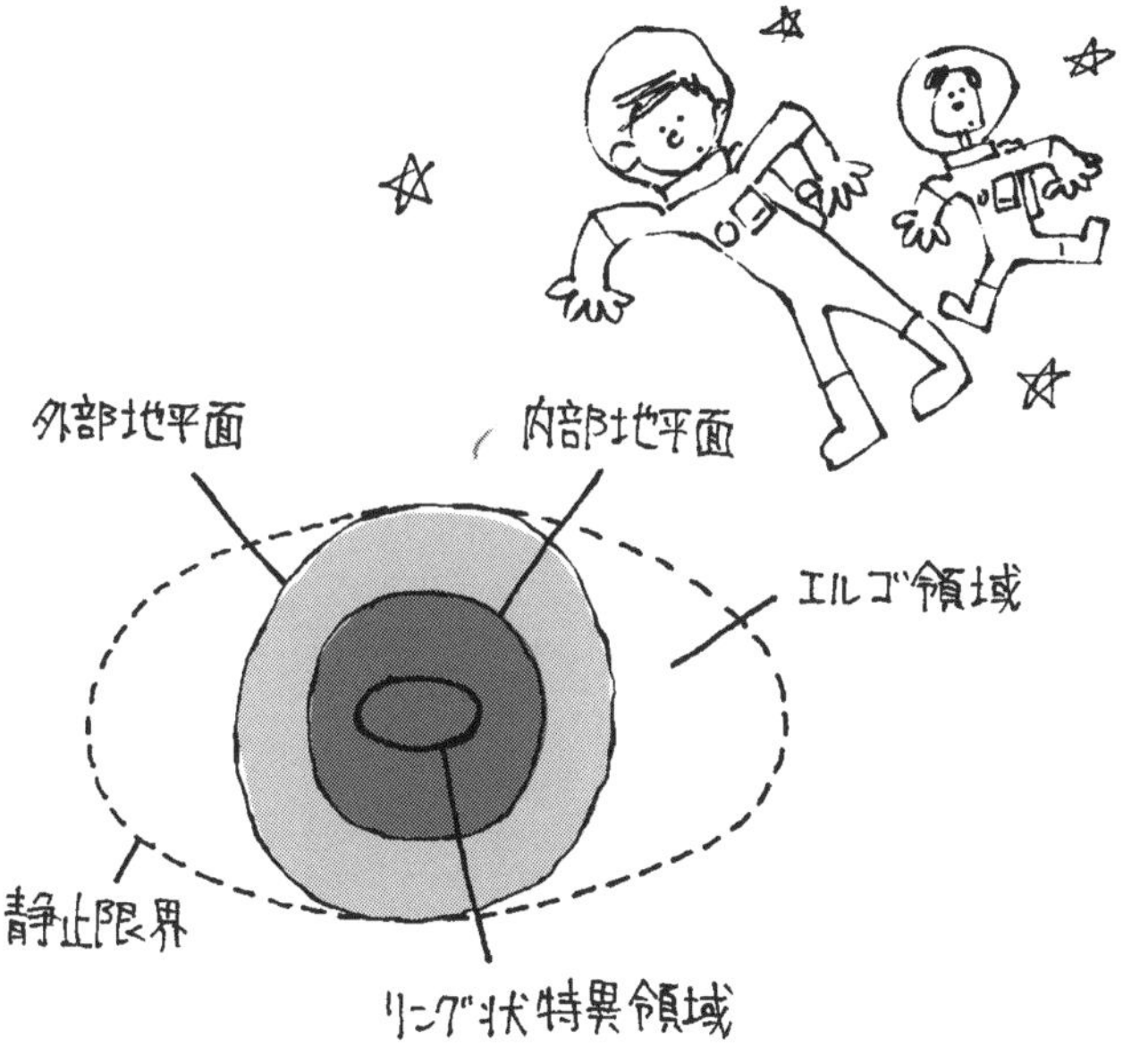
外部地平面
内部地平面
エルゴ領域
静止限界
リング状特異領域

しているからです。

この効果自体は１９２０年前後に指摘されていましたが、カー・ブラックホールではそれが顕著に現れるのです。


カー・ブラックホールではその表面の外側に**「エルゴ領域」**と呼ばれるものがあります。エルゴとはギリシャ語で仕事を意味しています。表面の外側にありますが、降着円盤のようなものではなく、**表面全体を取り囲んでいる空間**です。ブラックホールが回転している場合、同じ質量のシュワルツシルト・ブラックホールより回転軸方向以外は半径が小さくなります。

回転が速ければ速いほど小さくなりますが、限度があって、最も小さくなったときは同じ質量のシュワルツシルト・ブラックホールの半径の半分です。このときの表面の回転速度は光速度の半分です。


エルゴ領域はブラックホールの表面を囲むようになっていますが、極方向では表面に一致していて、赤道方向では膨《ふく》らんでいます。つぶれたゴムボールをイメージしてください。

エルゴ領域の中に入ってしまうと（空間自体が回転しているため）止まることができません。それでエルゴ領域の外側の境界を「静止限界」と呼んでいます。

この領域の中では、空間の回転速度が光速度の3分の1を超えてしまっています。落下する影響も考えると、この領域の中で静止するためには光速度以上の速度で動かなければなりません。つまり静止することはできず、**回転と逆方向に出した光ですら、回転方向にしか進めない**ということです。

ブラックホールからエネルギーを取り出す「ペンローズ過程」

ブラックホールの中からは何も出てこない、というのが通説ですが、じつはブラックホールからエネルギーを取り出すことができます。**回転しているブラックホールにはエルゴ領域があるので、その中からエネルギーが取り出せる**のです。

いったんブラックホールに入ってしまうと、どんなものも出せないのにどうしてエネルギーが取り出せるのでしょう。一見とても不思議に思うかもしれません。じつはエネルギーはブラックホールの外側から出てくるのですが、ブラックホールの回転エネルギーを取り出すことになっています。

まず、エルゴ領域の外側から、物体をブラックホールの回転方向に向かって投げ入れます。

それがエルゴ領域の中に入ったのを確認してから、そこで2つに分裂《ぶんれつ》させ、一方をブラックホールの中に落とします。

ここでブラックホールの回転と逆方向にうまく落とすと、**もう一方はもともと投げ入れた物体が初めにもっていた以上のエネルギーで飛び出してくる**のです。

エネルギーが増えたぶん、ブラックホールの回転エネルギーが減り、回転は遅くなります。これを「**ペンローズ過程**」といいます。ペンローズとは、第1章の特異点のところでお話しした、あの数学者のペンローズのことです。

ペンローズ過程でいちばん効率よくエネルギーを増やすには、ブラックホールの表面ぎりぎりのところで、2つを相対速度が光速度になるように分裂させることです。そのときは**最初にもっていたエネルギーの約1・3倍のエネルギーが得られます。**

ペンローズはこの事例を「ゴミ箱に入ったゴミを回転ブラックホールに投入することによってエネルギーが得られる」という論文として発表しました。実際問題として、これを実現するのは難しいでしょう。しかし、ゴミを捨てることによって、いくらかでもエネルギーが引き出せるなら御《おん》の字ともいえます。

クェーサーのエネルギー源も、超大質量のブラックホールの回転エネルギーと考えられています。このときには、ブラックホールのまわりの降着円盤とそれを貫く磁力線が重要になります。磁力線というのは、磁石から出てくる磁力を伝える線だと思ってください。この線は降着円盤にからみつくゴムのようなものです。

エルゴ領域の中ではこのゴムは回転に引っ張られて引き伸ばされ、それが元に戻ろうとすることで回転にブレーキをかけるのです。回転が遅くなった分のエネルギーは、このゴム（磁力線）を伝わり外に伝わる、というメカニズムが考えられています。

ペンローズ過程などでブラックホールの回転エネルギーを取り出すと、ブラックホールの回転はだんだん遅くなってきます。**最後にはブラックホールの回転は止まり、シュワルツシルト・ブラックホールになります。**

しかし、**この過程で増えるものがあることがわかっています。それは何でしょうか。答えはブラックホールの表面の面積、つまり表面積です。**これを「**表面積増大の定理**」といいますが、これも物理学の根本にかかわることです。この話は第5章でまた出てきます。

カー・ブラックホールの特異領域を通り抜ける

カー・ブラックホールの中をのぞいてみましょう。シュワルツシルト・ブラックホールと違って、中に入るともう1つ地平面が存在します。シュワルツシルト・ブラックホールのときは地平面が1つしかなかったので単に表面という言葉を使いましたが、**カー・ブラックホールの場合はブラックホールの表面を「外部地平面」、中のものを「内部地平面」といいましょう。**

地平面というのは、ブラックホールの遠方から見て光がそこで止まって見える面、つまりそこから先が見えなくなる面でした。

カー・ブラックホールの外部地平面の中に入ると、外向きに出した光さえ内向きに進んでしまうことはシュワルツシルト・ブラックホールの場合と同じです。しかし回転による遠心力のため、不思議なことが起こります。

ブラックホールの内部で内向きに出した光の進む速さがだんだん遅くなり、あるところで止まってしまうのです。ここが内部地平面です。

内部地平面の中に飛び込むと、もうそこから逃げ出すことはできません。

内部地平面の内側に飲み込まれた物質は、中心に集中するのではなく、遠心力のため赤道面上で回転軸を中心とするある半径の円周のまわりに集まり、ドーナツのようなリング状の物質密度が大きな領域ができます。

そのリング状の領域はだんだん細くなり、密度が大きく重力が強くなります。最終的には**リング状の密度が限りなく大きく、重力が無限に強くなる特異領域ができます（リング状特異領域）。**

シュワルツシルト・ブラックホールの場合、飲み込まれた物質は必ず中心の特異領域（この場合は1点に集まるので特異点という）に集中し、逃れるすべはありません。

しかしカー・ブラックホールの場合は、特異領域がリング状になるだけでなく、ほかにも面白いことがあります。この**リング状特異領域の中を通り抜けることができる**のです。サーカスでライオンが火の輪をくぐり抜けるようなものをイメージしてください。とはいえ、これは次のような理由で、実際にはなかなか難しいでしょう。

ブラックホールに落ち込んだ物質はブラックホールの中で加速されて、大きなエネルギーをもって内部地平面に突入してきます。そして内部地平面では次々にやってくる大きなエネルギーがそこに積み重なることになって、猛烈なエネルギーバリアができてしまうのです。このバリアに近づくとだんだんと熱くなり、バリアに突入すると蒸発してしまうでしょう。

というわけでカー・ブラックホールの場合も、中に入ったら悲惨な結末を避けることは難しいようです。

別の宇宙への抜け道「カー・ワームホール」

もし仮に内部地平面のエネルギーバリアを通り抜けられて、リング状特異領域で囲まれた領域の中にダイブできたとしましょう。すると、面白いことが待っています。**リング状特異領域は〝別の宇宙への通り道〟になっている**のです。まさにSFの世界がカー・ブラックホールの中で実現されているのです。

この**別の世界の抜け道を「カー・ワームホール」といいます。**ワームホールは「虫食い穴」という意味です。抜け道ということは、通り抜けると別の宇宙に出現することですから、そ

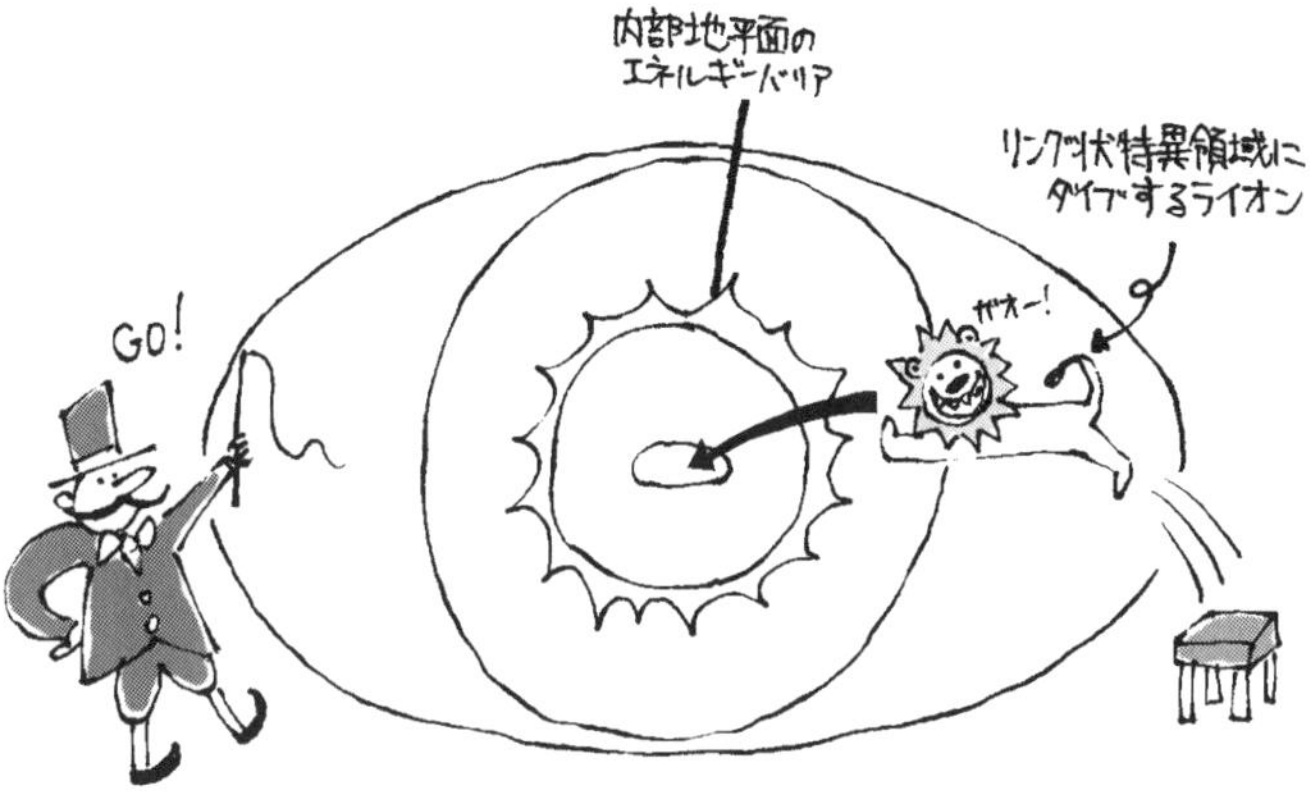

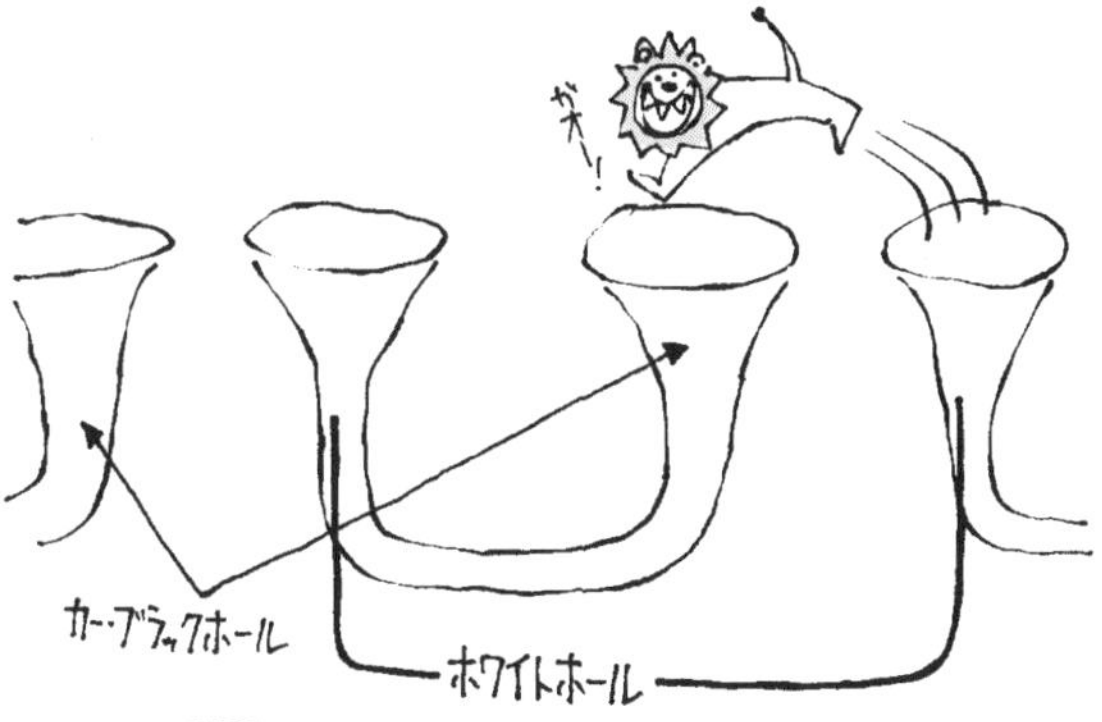

カー・ワームホール

カー・ブラックホールとホワイトホールが
無限にくり返される

の宇宙にとってカー・ブラックホールは飲み込むだけの存在ではないはずです。
実際、ロイ・カーが発見したアインシュタイン方程式の解を検討してみると、この宇宙にあるカー・ブラックホールにつながっている**別の宇宙の出口は、「ホワイトホール」になっています。**

ホワイトホールというのは、ブラックホールと正反対で物を噴き出す一方の存在で、どんなことをしてもその中に入ることができないのです。

さらに驚くことは、行った先の別の宇宙にあるカー・ブラックホールに飛び込んで、内部地平面を通り抜けリング状特異領域で囲まれた領域の中に突入すると、**さらに別の宇宙のホワイトホールにつながっている**のです。

カーの見つけたアインシュタイン方程式の解は、**このことが無限にくり返される不思議な時空**なのです。

ただし、現実の宇宙でできるカー・ブラックホールに対して、このようなことが当てはまると考えている研究者はいません。星がつぶれてできるブラックホールでは、大量の物質が内部地平面に莫大《ばくだい》なエネルギーバリアをつくりだし、その影響で内部構造をこわしてしまうだろうと考えられています。

残念ながらというか幸運というか、**別の宇宙への抜け道は、すくなくとも人間が通り抜けられるような抜け道はないでしょう。**

また、カー・ブラックホールの中に潜《ひそ》むワームホールは別の宇宙につながっていますが、次項のように同じ宇宙の違った場所をつなぐワームホールを考えることもできます。

ただし、**ミクロの世界ではワームホールは存在するかもしれません。**ミクロの世界、それも考える限りの最も小さいミクロの世界では、量子力学《りょうしりきがく》に由来する空間の揺らぎが起こっています。つまり、さまざまな形の空間ができたり消えたりしていると考えられているのです。

ミクロの世界ではいろいろな形の空間が生まれますが、その中には時空の２つの場所から角《つの》が伸びてつながり、架け橋のようになることが起こるかもしれません。これもワームホールの一種です。そんな**ワームホールは、タイムマシンになるかもしれない**のです。

ブラックホールを使ったタイムマシン

同じ宇宙の２つの場所をつなぎ、かつ内部地平線のようなエネルギーバリアがなく、そして人間が通り抜けられるほどの大きさのワームホールがあったとしたら……。そんなワームホールが自然にできないのはもちろんのこと、現在の技術でも到底できません。

しかし1000年未来の文明なら、あるいは宇宙のどこかの超高等文明なら、莫大な質量を思いのままに操作し、ブラックホールをつくってエネルギーを利用するブラックホール発電所をつくったり、ワームホールをつくったりできるかもしれません。あるいは、ミクロのワームホールをマクロなサイズまで引き伸ばせるかもしれません。

とにかく遠い未来の文明にそれができたとしましょう。するとタイムマシンができるという話があるのです。

まずこの話の前提知識として、**重力が強いところでは時間がゆっくり進むこと**、そして**ワームホールの2つの入り口（出口）はほぼ同時刻でつながっていること**を頭に入れておいてください。したがって、ワームホールの一方の入り口から入ると、一瞬で別の出口に出ることができるのです。

さて西暦3000年1月1日、ワームホールの2つの入り口AとBを隣り合わせに置いたとします（たとえば地球の近くと火星の近く）。このときAとBの時刻はまったく同じです。

そして入り口Bだけを、1光年かなたに別につくっておいたブラックホールに5年かけて近づけます。そしてブラックホールのすぐ近くに10年置いておきましょう。10年というのは地球の近くに置いた入り口Aで測った時間です。
10年たったら、入り口Bを元の位置に、５年かけて戻します。

さてブラックホールの近くでは、強い重力のため時間がゆっくりと進みます。したがってブラックホールの近くに置いてあった入り口Bにとって、時間は5年しか経過していないとします。

２つの入り口AとBがそろったとき、Aの時間では20年たっていますが、Bの時間では15年しかたっていません。したがって入り口Aの時計は３０２０年1月1日を指し、入り口Bの時計は３０１５年を指しています。これでタイムマシンの完成です。

この間ずっと入り口Aの近くいた人が、入り口Bに飛び込むため火星に行きます。１００0年後の未来では、火星に行くのはヨーロッパに行くような感覚かもしれません。1週間で行けるとしましょう。入り口Bに３０２０年1月8日に着きます。そのときの入り口Bの時刻は３０１５年1月8日です。

着いてすぐ入り口Bに飛び込むと、ワームホールの入り口AとBは同時刻でつながっているため、その人は３０１５年１月８日の入り口Ａから出てくることになります。**入り口Ａから地球に戻ると、そこは出発前の自分がいる地球です。こうしてタイムマシンができるのです。**

このタイムマシンは、３０００年より前に戻ることはできません。漫画「ドラえもん」ではタイムマシンで恐竜の時代に戻ったりしますが、少なくともこのタイムマシンではそんなことは不可能です。

しかし、１３８億年の宇宙の歴史のなかでは、何億年も過去に超高等文明が存在したかもしれません。そんな文明がワームホールをつくっていたら、それを探せばそれがつくられた時代までは戻ることができます。

タイムマシン・パラドックスを超えられるか

タイムマシンが単にSFの世界だけの話だったのは、タイムマシンの存在を認めると次のような矛盾《むじゅん》が出てくるからです。

もし自分の過去に戻った人が、出発前の自分自身を殺したらどうなるでしょう。出発前の

①
3000年 1月1日
A
B
②
ブラックホール
A
B
ブラックホールのそばに置いておくと、時間の進みが遅くなる
③
3020年1月1日
3015年1月1日
A
B
5年のズレが生じている
④
3020年1月8日
3015年1月8日
A
B
Aの近くにいた人がBに行って飛びこむ
⑤
3015年1月8日
A
B
5年前のAから出てくる
ワームホールのタイムマシン

自分を殺してしまうと、タイムマシンでやってきた自分はいったいどこからきたのでしょう。あるいは、ある人がタイムマシンを使って未来にきて一般相対性理論を知り、過去に戻ってアインシュタインと名乗って一般相対性理論を提唱したら、一般相対性理論はいったい誰がつくったのでしょう。

こんなことが起こるはずがありません。そのためタイムマシンそのものの研究は、1980年代後半までほとんどありませんでした。ただ**アインシュタイン方程式の解のなかには、過去にさかのぼれるような時空も存在する**ことは知られていました。

たとえば宇宙全体が回転している時空や、とてつもなく重く長い棒が高速で回転している時空では、未来方向に進んでいくといつの間にか過去に戻るような領域があります。

この状況が変わったのが、1988年にキップ・ソーンという有名な相対論学者が学生と一緒にワームホールを使ったタイムマシンの論文を書いたからです。

ただしこの論文はタイムマシンが存在することを証明しているわけではなく、もし人間が通れるほど大きく、さらに安定したワームホールが存在するとしたら、タイムマシンにすることができますよ、という内容です（タイムマシンにする方法は、先に述べたやり方と違っています）。

それでもかなりインパクトのある論文で、新聞にも大きく取り上げられ、しばらくの間は学会でも話題になっていました。

ワームホールのような構造は、通常の物質ではつくることはできません。通常の物のつくる重力は引力なので、つぶれてしまうからです。

さらにやっかいなことは、いったん空間が曲がると、その曲がり自体がエネルギーをもち、そのエネルギーがまた空間を曲げるということが際限なくつづくのです。こうして**ワームホールをつくったとしても、すぐつぶれてしまいます。**

ワームホールをつくり存続させるには、重力とバランスする（釣りあう）反発力が必要です。そんな力をおよぼすエネルギーは存在しますが、そのエネルギーを自由自在に使えるかどうかはわかっていません。

しかし現在までのところ、ここで考えているような**ワームホールの存在を禁止している物理法則は知られていません。**人間はいままで無理と思われること、夢物語だと思われることに挑戦し、実現してきました。物理法則が禁じていないことは、そのうちできる日がくるかもしれません。

タイムマシンが存在すれば必ずこのようなパラドックスにおちいるのでしょうか。それともパラドックスを避けることができるタイムマシンはつくれるのでしょうか。現在のところ、この答えはわかっていません。

第5章　ミクロの世界のすごいブラックホール

ミクロサイズのブラックホールが存在したら？

これまでブラックホールは天文学にとってとても重要な天体であるという話をしてきました。取り上げてきたブラックホールは、大質量の恒星が大爆発した後にできたものとか、銀河中心にある超大質量ブラックホールでした。

太陽質量のブラックホールの場合、その半径（シュワルツシルト半径）は約3キロメートルです。それよりも、もっと小さなブラックホールはないのでしょうか？

小さなブラックホールをつくるには小さな星をつぶせばいいと思うかもしれません。たとえば**地球をつぶしてブラックホールをつくるとしたら、**シュワルツシルト半径はどのくらいになるでしょう。

サッカーボールくらい？　ピンポン玉くらい？　いえいえ、もっと小さく、**なんと半径9ミリメートル**、1円玉より小さいのです。第1章でも述べたように、半径9ミリメートルにつぶした地球の脱出速度は光速になるので、ブラックホールと化すのです。

月をつぶしてブラックホールにしたら、その半径は1000分の1ミリメートル程度です。

小惑星イトカワなら、なんと10のマイナス14乗ミリメートルです。これは原子の中心にある原子核の構成要素である**陽子《ようし》の大きさとだいたい同じ**です。

このように小さなブラックホールのことを「ミニブラックホール」と呼びます。ミニブラックホールは宇宙に存在しないのでしょうか？

残念ながら現在までのところ、宇宙のどこにもそんなミニブラックホールは発見されていませんし、そもそも質量が少なすぎて重力が弱く、自分自身をつぶすことができないと考えられています。

では、ミニブラックホールは存在しないと結論してもいいのでしょうか。そうとばかりはいえません。物理学者は、宇宙のはじまりの頃にミニブラックホールができた可能性を考えています。素粒子《そりゅうし》レベルよりもはるかに小さなブラックホールの存在すら議論しています。

ミクロの世界は私たちの直感がまったく通用しない、摩訶《まか》不思議な世界です。まずこの不思議な世界をのぞいてみましょう。そしてミクロの世界のブラックホールの不思議な性質を見てみましょう。**ミニブラックホールの考察から、宇宙の存在そのものにかかわる大理論が現れてくる**のです。

熱はミクロの粒子《りゅうし》の運動エネルギー

ミクロの世界というと原子を思い浮かべるでしょう。いまでは小学生でも、物質は原子や分子からできていることを知っています。「あらゆるものは原子からできている」という原子論は古代ギリシャからある考えですが、この考えが受け入れられたのはそれほど古いことではありません。

原子論が物理学の常識となったそもそものはじまりは、ミクロの世界と一見関係のない熱の研究です。すべり台をすべるとお尻《しり》が熱くなりますが、あの熱です。18世紀には物質や空気には「熱素《ねっそ》」という熱の元があって、それが摩擦《まさつ》で絞《しぼ》り出されるという考えが主流でした。

しかし18世紀末、イギリスの科学者ベンジャミン・トンプソンは大砲《たいほう》の砲身《ほうしん》を削《けず》る工程でいくらでも熱が出てくることを見て、熱素の存在を疑いました。砲身を削るという運動のエネルギーが、物質を構成している粒子の運動エネルギーに変わったと考えれば、**熱は粒子《りゅうし》の運動のエネルギーとして説明できます。**

19世紀に入り、スコットランドの物理学者マクスウェルやオーストリアの物理学者ボルツマンといった人によって、このような考えが押し進められましたが、19世紀末になっても原子の存在を受け入れる人は少数でした。

原子論反対派の急先鋒《せんぽう》はオーストリアの哲学者マッハです。マッハは観測できないものを物理学に組み入れることに反対したのです。原子ばかりでなく、マッハは時間や空間についても〝絶対的な存在〟とは認めませんでした。

ここでいう〝絶対的な存在〟というのは、「他のものと無関係に、そして何の影響も与えずにそれ自体で存在すること」という意味です。この考えにアインシュタインは大きな影響を受けて特殊相対性理論をつくったことは有名な話です。

そのアインシュタインが特殊相対性理論をつくったのと同じ1905年に、原子の存在を証明する論文を書いているのは歴史の皮肉です。「ブラウン運動の理論」というのがそれです。

ブラウンというのは植物学者です。ブラウンは花粉から出てくる小さな粒を水に浮かべたところ、まるで生き物のようにジグザグと運動をはじめたことを発見したのです。これがブラウン運動です。

この運動こそ、生命の源《みなもと》だと考えた研究者もいましたが、微小な鉱物の粉末でも同じことが起こるので、生命現象ではありません。どんな微小の粒子に対しても同じように起こるので、原因は水のなんらかの影響です。

若きアインシュタインは原子・分子の存在を仮定して、水分子のランダムな運動によると考えたのです。実際、水の温度を上げると、ブラウン運動はより激しくなります。

もちろんブラウン運動をする粒子は小さいとはいえ、水分子よりも桁違《けたちが》いに大きく重たいので、1個の水分子が粒子にぶつかっても何の影響も与えません。しかし水分子の数は、1リットル当たり10の22乗個（1兆の1000億倍）もあります。

また水分子は粒子の四方八方から衝突《しょうとつ》しますが、その際、どの方向からも同じ数が衝突するわけではありません。要するに、**莫大《ばくだい》な数の水分子が粒子に衝突することによって、ランダムな運動が引き起こされる**わけです。

ブラウン運動の観測をアインシュタインの理論にしたがって解釈すると、水分子の大きさや数密度を知ることができるのです。

熱が低温から高温へ移る？「アインシュタインの冷蔵庫」

アインシュタインといえば相対性理論が有名ですが、じつは熱力学と呼ばれる熱の現象にもとても興味をもっていました。実際、アインシュタインが考案した冷蔵庫の原理がありま す。冷蔵庫は、後からブラックホールにからんでくる「エントロピー」という概念を説明するのに好都合なので、ここで説明しておきましょう。

アインシュタインの冷蔵庫の原理は、液体が気化するときに熱を奪《うば》うことを利用したものです。液体のブタンの中に気体のアンモニアを放出すると、ブタンが蒸発する温度が下がって蒸発をはじめます。これを気化するといいますが、この際まわりの熱を奪うので、ブタンを入れておいた容器（冷蔵庫の中にある）が冷えるのです。

気体になったブタンとアンモニアを水の容器（冷蔵庫の外にある）に通すと、アンモニアは水に溶け、ブタンは水に熱を与えて冷えて液体となります。そこで液体ブタンを冷蔵庫の中の容器に戻し、アンモニアを気体に戻して、同じことをくり返すのです。

要するに**冷蔵庫の中から熱を奪い、その熱を冷蔵庫の外（いまの場合は水）に捨てている**のです。どんな冷蔵庫も突きつめてみれば、冷たいところからより温かいところに熱を移す仕組みになっていますが、**こんなことは自然には起こりません。**

自然界では、**熱は必ず高温から低温に流れます。このことを「熱力学第二法則」あるいは「エントロピー増大の法則」といいます。**エントロピーというのは、熱量の変化を温度（絶対温度）で割った量です。熱をもらえばプラス、奪われればマイナスです。

たとえば摂氏77度（絶対温度350度）のお湯から350カロリーの熱量が奪われたら、エントロピーは1だけ減ります。この熱が摂氏27度（絶対温度300度）のぬるま湯に移ったとすると、エントロピーは300分の350だけ増えることになり、合計するとプラス300分の50だけエントロピーが増えることになります。

一方、逆に摂氏27度のぬるま湯から350カロリーの熱を奪って、摂氏77度のお湯に与えたとしたら、エントロピーは合計でマイナス300分の50減ることになります。

しかし、自然界では低温から高温に熱が移動することはありえません。エントロピー増大の法則とは、**「自然界ではエントロピーが減少することはけっしてない」**という法則です。

では先ほどのアインシュタインの冷蔵庫はどうなっているのでしょう。低温（冷蔵庫の中）から高温（冷蔵庫の外）に熱が移っていてエントロピーが減っているようにみえますが、じ

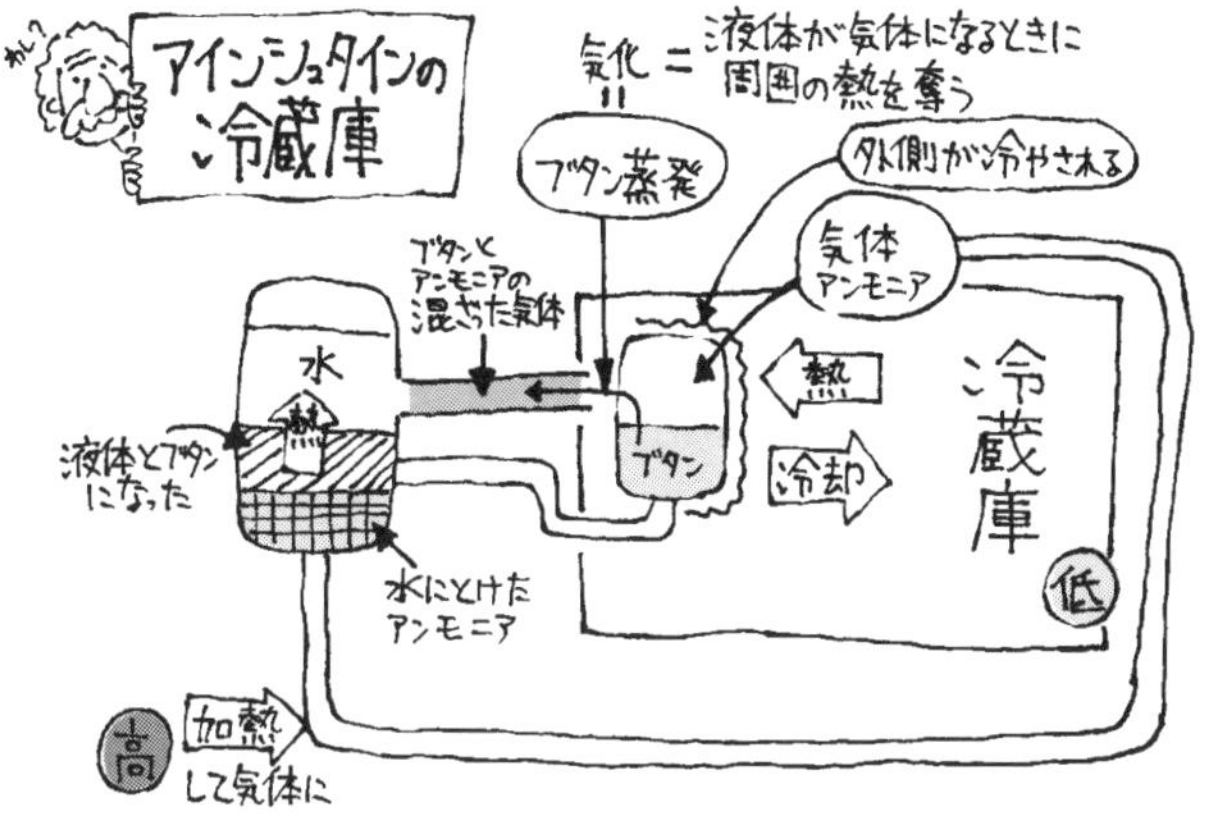

アインシュタインの冷蔵庫
気化＝液体が気体になるときに周囲の熱を奪う
ブタン蒸発
外側が冷やされる
気体アンモニア
ブタンとアンモニアの混ざった気体
水
熱
液体とブタンになった
ブタン
熱
冷却
冷蔵庫
低
水にとけたアンモニア
高
加熱して気体に

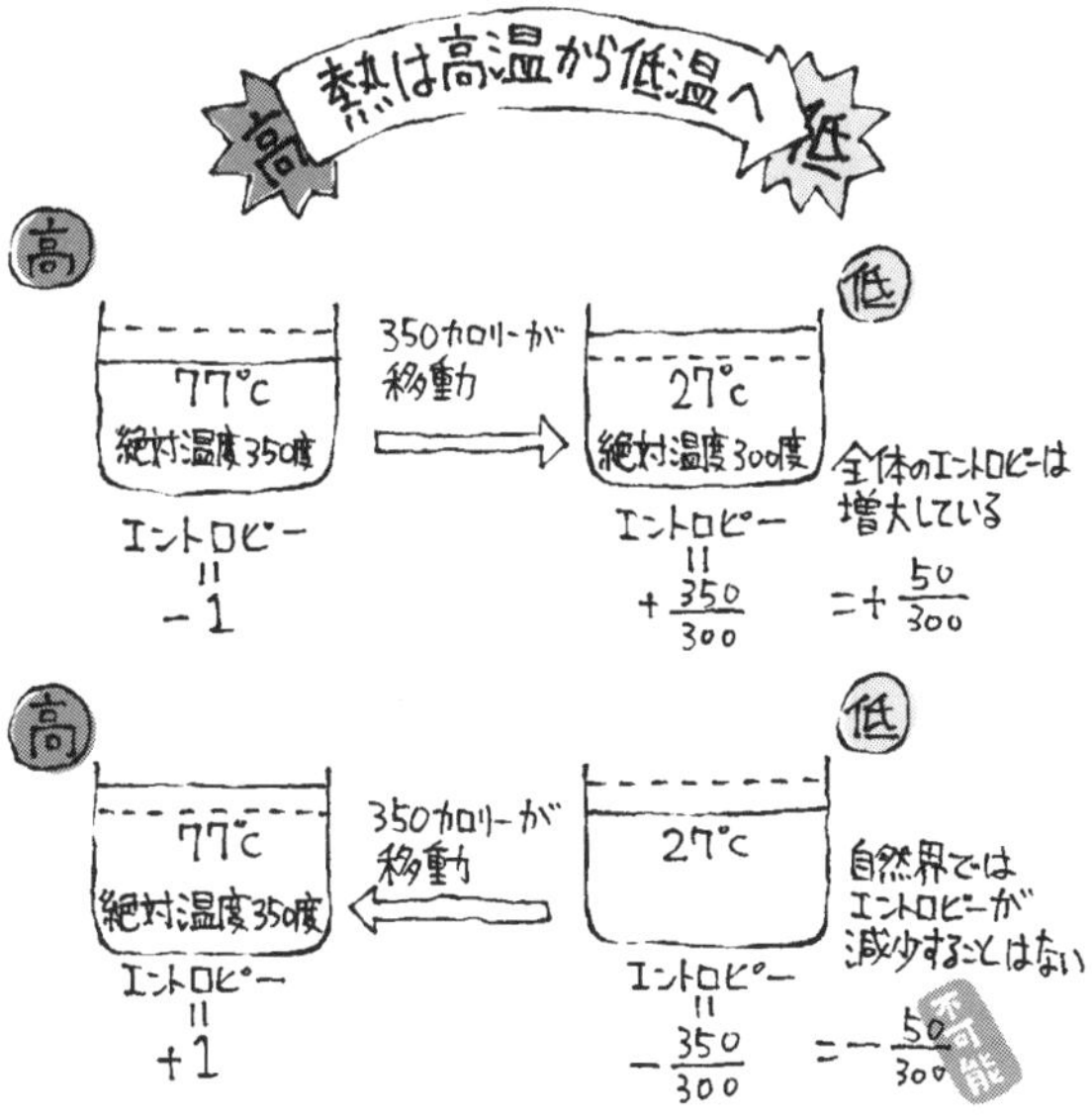

熱は高温から低温へ
高
低
77°c
絶対温度350度
350カロリーが移動
27°c
絶対温度300度
全体のエントロピーは増大している
エントロピー＝−1
エントロピー＝$+\frac{350}{300}$
＝$+\frac{50}{300}$
高
低
77°c
絶対温度350度
350カロリーが移動
27°c
自然界ではエントロピーが減少することはない
エントロピー＝+1
エントロピー＝$-\frac{350}{300}$
＝$-\frac{50}{300}$
不可能

つはアンモニアを気体にするための熱源が必要です。そこで与えた熱の分、エントロピーが増えているのです。この分を含めた正味のエントロピーの変化は必ずプラスになっています。

このエントロピーの概念を、原子の存在から理解しようとするのは当然のなりゆきです。これに挑戦したのが、オーストリアの物理学者ボルツマンです。

原子論の立場では、熱は莫大な粒子の運動です。したがって**高温の物体から低温の物体に熱が移動するというのは、2つの物体の間で粒子の運動の差が小さくなること**です。わかりにくければ、この逆を考えてみましょう。

低温の物体（穏やかな運動の粒子）から高温の物体（激しい運動の粒子）に熱が自然に移ったとしたら、何が起こっているのでしょう。低温の物体の粒子の運動はより穏やかになり、その分、高温の物体の運動がより激しくなったということです。そんなことは自然に起こりませんよね。

エネルギーを与えるということは、それまでできなかった運動ができるということです。たとえば分子を考えてみましょう。分子は四方八方に動くことができますが、回転することもできます。回転するためにはエネルギーが必要です。温度が低い間は回転できなくても、ある程度温度が高くなれば回転できるようになります。

初めから高温状態にあるときには熱を与えても新しい運動は起きませんが、低温状態で熱を与えれば新しい運動が起こるでしょう。こうして**同じ熱を与えても、低温状態のほうがより多彩な運動が起こる**のです。

これは、エントロピーの振る舞いに似ています。なぜならエントロピーは熱を温度で割ったものですから、**同じ熱を与えると、低温状態のほうが高温状態よりエントロピーが増える**からです。より多彩な運動という概念を、なんとかエントロピーに結びつけることができればよいのです。

ボルツマンは紆余《うよ》曲折の末、ある簡単な公式を発見しました。それはある状態において、**粒子のとりうる状態の数が多ければ多いほどエントロピーが高い**というものです。数式で表すと次のようなものです。

「$S = k \log W$」（S＝エントロピー、W＝状態の数、k＝ボルツマン定数と呼ばれる定数）

ボルツマンは、原子の存在を信じないマッハたちの攻撃を受けてノイローゼになり自殺してしまいましたが、この公式は物理学だけでなく情報科学の発展に決定的な役割を果たしました。ウィーンにあるボルツマンの墓石には、この公式が刻まれています。

エントロピーの話を長々としましたが、このくらいにして、もう1つ、ミクロのブラックホールにとって大事なミクロの世界の法則の話に進みましょう。

あるときは波、あるときは粒子として振る舞う光

原子や分子の存在が確かになってくると、それらの運動がどんな法則にしたがうのかという疑問が当然出てきます。粒子の運動については、17世紀にニュートンが明らかにした法則があって、「ニュートン力学」と呼ばれています。

当初、原子や分子はニュートン力学にしたがうものと考えられていましたが、それでは都合の悪いことが出てきました。

18世紀のイギリスにトマス・ヤングという人がいました。この人はいわゆる神童です。10代ですでにいくつもの言語を習得し、それだけでなく医学、物理学にも大変な才能をあらわしました。

エジプトの象形《しょうけい》文字の解読ではシャンポリオンが有名ですが、それに先立って、ヤングは

ロゼッタストーンの一部を解読していました。この解読がなければ、象形文字解読は何年、あるいは何十年も遅れていたかもしれません。

このヤングが考案した実験（「ヤングの実験」）というものがあります。光を衝立《ついたて》にあてるのです。正確にいえば単色光、ある特定の色の光です。ただし、衝立には細い線（スリット）が２つ平行に開けてあります。

光はこのスリットを通り抜けて、もう１つの衝立にあたるようになっています。２つの衝立の面は平行になっています。さて、もう１つの衝立にはどんな模様が映るでしょう。

スリットが２つだから２つの明るい筋ができていそうですが、そうではなく、**光があたる部分は明るい筋と暗い筋が並んだ縞《しま》模様になる**のです。これは光が波で、２つのスリットから出てきた光が強めあう部分と弱めあう部分があるからです。

光の波では考えにくいので、池に石を投げてそこから広がる波を考えましょう。波は水面に対して高いところと低いところが交互にくり返されて進みます。２つの波の高いところと高いところが重なるとより高く、高いところと低いところが重なるとお互いに打ち消しあって波が消えてしまうのです。

ヤングの実験

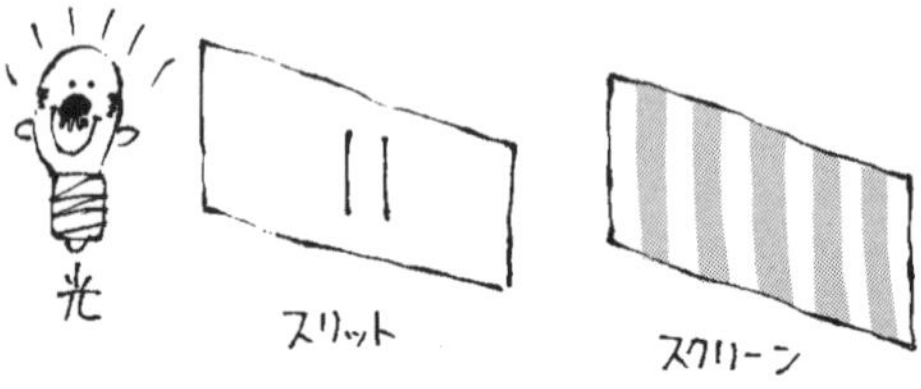

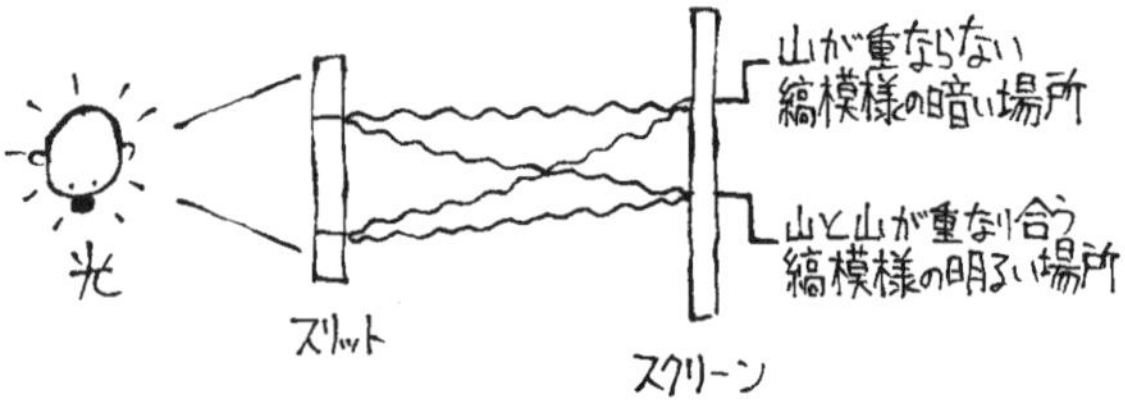

干渉縞は波の重なりでできる

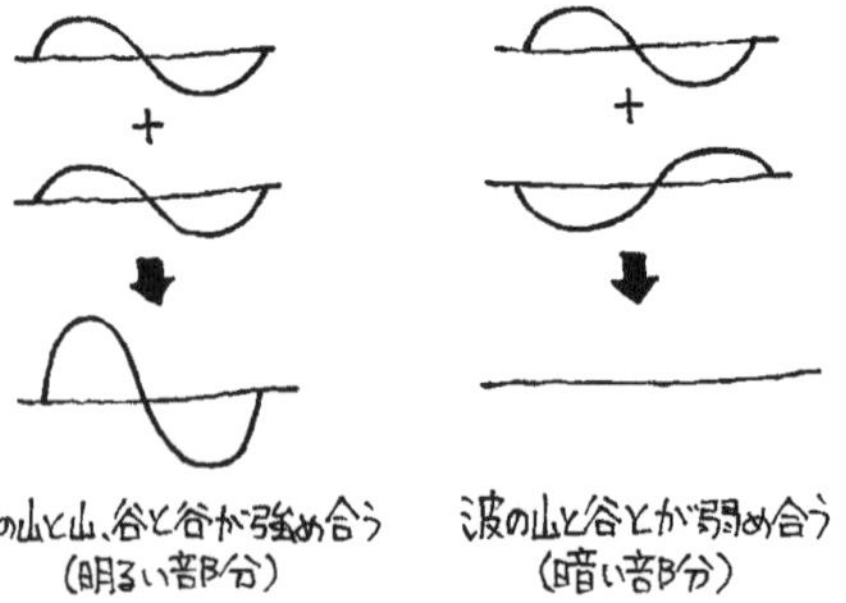

電子もこのような波の性質をもっている

この**強めあったり打ち消しあったりすることを「波の干渉《かんしょう》」といいます。**光も同じようなものです。２つの波が重なりあったときにできる模様を「干渉縞《じま》」といいます。**ヤングの実験は、光が波であることを明瞭に示した実験**なのです。

ここでもまたアインシュタインが出てきますが、特殊相対性理論とブラウン運動の論文を書いたのと同じ１９０５年、彼は光が粒子であることを示す論文を書きました。アインシュタインは光が波であることを否定したわけではありません。光が粒子として振る舞う現象があることを示したのです。

こうして**光はある場合には波として、また別の場合には粒子として振る舞うという不思議な性質をもっている**ことが明らかになりました。

「存在が確率であらわされる」量子力学の不思議な世界

さらに１９２４年、フランスの物理学者ド・ブロイが驚くべき提案をしました。**「粒子も波として振る舞う」**というのです。

さっそく、この提案を確かめるため、電子に対して先のヤングの実験がおこなわれました。

光の場合と同じように、電子を２つのスリットが開いた衝立の中間に向けて発射したのです。そして、スリットを通り抜けた電子が２番目の衝立にあたったところに、印《しるし》をつけていきました。その結果、印の多いところが縞模様になったのです。

電子をたくさん打ち込んだので、電子同士がなにかしら影響しあって縞模様ができたのかもしれません。そこで１回に１個だけ電子を打っていきました。すると２番目の衝立には１回に１つだけ印がついていきます。

最初のうちは何の規則もなく衝立にはバラバラの位置に印がつきますが、印の数が多くなってくると、だんだん縞模様が浮き上がってきたのです。

なぜ干渉縞が現れるのでしょう。**電子は１個の粒子として衝立にあたるのですが、なにかしらその背後に波の存在が隠れているのです。**

そこで次にスリットのすぐ後ろに検出器をおいて、電子がどちらのスリットを通り抜けたかを確認してみました。すると２番目の衝立にできる印の位置は２つのスリットの後ろだけで、干渉縞は現れませんでした。

電子は観測すると粒子となり、観測されないと波なのでしょうか。波というのは広がっていますから、もしそうなら、広がった電子の波は観測された瞬間、一瞬にして1点に縮むことになってしまいます。これは「どんな情報も光速度以上では伝わらない」という相対性理論と矛盾します。

それに観測とは何でしょう。観測とは測定したい物体になんらかの影響を与え、物体から影響がどうはね返ったかを見るものです。つまり、観測とは周囲からの大きな影響なのです。

こうして実体としての波を考えると、おかしなことが出てくるのです。そこで「**1個の電子は2つのスリットを同時にすり抜けて、2つのスリットから出た電子が2番目の衝立のところで1個の電子として現れた**」と考えざるをえないのです。

もちろん、電子が半分に壊れて別々にスリットを通って、2番目のスリットでまたくっついて1つの電子になった、というわけではありません。電子は電荷《でんか》をもっていますが、その半分の電荷など観測されたことはありません。電子はあくまで粒子なのです。

では、なぜ1個の粒子が同時に2つのスリットを通り抜けることができるのでしょう。これには多くの物理学者が頭を悩ませました。そして得た結論は奇想天外なものでした。

一言でいえば、私たちが住んでいるマクロの世界の常識が通用しないということです。

これでは何も説明したことになりませんね。もう少しもっともらしい説明をしましょう。**「1個の電子の存在する割合が、波として伝わる」**と考えるのです。……何をいっているのかよくわからないかもしれません。

「存在する割合」というのは何でしょう。存在というのは「ある」か「ない」かのどちらかです。ある場合は1、ない場合は0というのがその割合（確率）です。

しかし電子、もっと一般にいえば**どんなミクロの粒子にも、あるかないかの中間の状態がある**のです。これは粒子が分裂した状態ではありません。**「ある場所に1個の粒子として存在する確率」が1以下になる**のです。ミクロの世界の存在とは、そのようなものなのです。

こんなことがマクロの世界で起これればどうでしょう。たとえばいま、この本を書いている私は50パーセントの確率でここにいて、もう50パーセントの確率で居酒屋でお酒を飲んでいる私もいるのです。そして居酒屋で誰かが私に話しかけると、その瞬間に居酒屋にいる確率が1となり、本を書いている私は消えてなくなるのです。

どうです。こんなことは常識では考えられないでしょう。しかしミクロの世界の粒子はすべて、そのような存在なのです。そんな粒子のしたがう法則は、それまで知られていたどん

ミクロの世界では…
Good!
本を書いている私は
50%の確率
居酒屋で飲んでいる私も
50%の確率
誰かが話しかけると
本を書いている私の
確率は0
居酒屋の私の
確率が1

な法則とも違うに決まっています。そこで粒子でもなければ波でもない、そんな存在を「量《りょう》子《し》」とし、その法則を「量子力学」と呼ぶことになりました。

量子力学の法則がどのようにして発見されたのかを説明しだすと、1冊の本になってしまいます。ここでは**ミクロの世界の住人は、存在と無の間にあること、観測されたときに限って、確率1でその場所に現れ、他の場所の存在の確率は0になる**ことを認めましょう。

またまた余談ですが、アインシュタインは生涯、このことを認めませんでした。しかし量子力学はアインシュタインを置き去りにして、半導体やレーザーなどどんどん実用の世界でその正しさが認められています。ここではこれを認めて話を進めましょう。

すごい姿①ブラックホールはエントロピーをもっている!?

いよいよブラックホールです。**ミクロの世界にブラックホールがあったとすると、そのブラックホールにも量子力学が当てはまります。**

量子力学では、あらゆる量が存在と無の間で揺らいでいます。真空もそうです。真空とは何もない状態と思うかもしれませんが、そうではありません。量子力学では、真空でも多種多様な粒子がある確率で存在しているのです。

このことは、**ブラックホールがものを吸い込むだけという常識をくつがえす**ことになります。そこにいく前に、この話の発端《ほったん》について述べましょう。この発端は、一見、量子力学と何の関係もないように見えて、じつはとても深い内容を含んでいるのです。ここでエントロピーがからんできます。

話は１９７０年代初めにさかのぼります。当時、プリンストン大学にはホイーラーという名物教授がいました。ホイーラーは原子核の研究で若くして頭角を現しましたが、物理の広い分野に興味をもっていました。

オッペンハイマーが重力崩壊の結果ブラックホールができるという研究をしたときにいち早く注目しましたが、その結論には最初激しく反対しました。

その後一転してブラックホールの存在を信じるようになり、プリンストン大学でたくさんの学生を指導して、重力理論やブラックホールの研究をおこなっていました。そのなかの１人に、イスラエル出身のベッケンシュタインという大学院生がいました。

私は１９８０年代中頃に、アメリカのセントルイスにあるワシントン大学で研究員をしていました。そのときホイーラーがセミナーに来て話をしたことがあります。当時すでにプリンストン大学からテキサス大学に移っていて70歳くらいでしたが、思ったより小柄で目の優しい好々爺《こうこうや》という感じでした。握手した手がやわらかかったことを覚えています。

さて、ベッケンシュタインは「ブラックホールに毛が3本」定理に着目していました。これは第4章で見たように、ブラックホールの特徴を表す性質は、質量、回転、そして電荷の3つしかないという定理でした。

このことは大した問題ではないと思うかもしれません。実際、当時のほとんどの研究者はこの定理自体に興味はもっても、その意味するところに気がついていませんでした。

ところがベッケンシュタインは違いました。ベッケンシュタインは、この定理をそれまでとはまったく別の観点から考えたのです。それは「情報」という観点でした。彼はこう考えたのです。

「**情報はブラックホールの中で本当に消えてしまうのだろうか？** 消えてしまうとすれば、物理学のある法則と矛盾《むじゅん》するのではないだろうか？」

その法則とは「**熱力学第二法則**」、すなわち「**エントロピー増大の法則**」です。この法則

エントロピー低い

エントロピー高い
＝
情報が失われている

は物理学のなかでも特異な位置を占めていて、〝日常経験を法則という名でいっただけ〟にすぎません。それは先にも述べたように**「熱は高温から低温に移る」**ということですが、じつはもう1つの言い方があります。

ボルツマンの公式は、エントロピーとは、とりうる状態の数（正確には、その対数《たいすう》）と同じでした。とりうる状態の数とは、「運動の乱雑さ」と考えてもいいでしょう。**乱雑ということは多種多様な運動状態があるということ**だからです。これは直観によく合いますね。たとえば大学の私の部屋を見てもらえばよいでしょう。机という机に本やら紙やら鉛筆やらがどんどん積み重なって、散らかっています。散らかり具合はどんどんひどくなっていきます。ほかの教官が、部屋が散らかってきたといったとき、彼の学生が「まだ二間瀬先生のところよりだいぶマシだから大丈夫ですよ」といったそうです。

余談はさておき、話をすすめましょう。**「物事は自然のままに放っておくと乱雑さが増していく」**というのが熱力学第二法則の別の言い方です（だから私の部屋は物理学の法則に合っているのです）。**乱雑さが大きいほどエントロピーが高い**のです。

さらに別の言い方もできます。**乱雑さが増すということは、**大まかにいって**「有用な情報**

が失われる」といってもよいでしょう。

いくら散らかっていても、情報さえ失われていなければエントロピーは増えていません。私の部屋は「情報は失われていない！」といいたいところですが、いつも大事な書類がなくなって大騒ぎしているので、実際にエントロピーが増しています。

ここで、ようやくベッケンシュタインの出番です。ブラックホールに戻って考えましょう。「毛が３本」定理では、ブラックホールができる以前には多くの情報があったのに、ブラックホールができたとたん、情報が失われてしまっています。**「情報がなくなったのだからエントロピーが増大している」**とベッケンシュタインは考えたのです。

つまり、こうつながるわけです。

乱雑さが大きい＝エントロピーが高い
乱雑さが増す＝情報が失われる
情報が失われる＝エントロピーが高くなる（増大する）

では、ブラックホールのどこかに失われたはずの情報が保存されているのでしょうか。ブラックホールで増大する一方で減らないものがあるかどうか、考えてみましょう。

カー・ブラックホールのところで、「ブラックホールのエネルギーは減っても表面積は増える」という話をしました。このことはカー・ブラックホールだけに限ったことではありません。どんな状況でもブラックホールの表面積はけっして減少しないことを証明することができます。

そこでベッケンシュタインは大胆《だいたん》にも「**ブラックホール自身がエントロピーをもっていて、そのエントロピーはブラックホールの表面積に比例している**」と考えたのです。

ここでベッケンシュタインとホーキングの関係が出てきます。というのはブラックホールの表面積が減少しないということは、ホーキングが示していたからです。これを「**表面積増大の定理**」といいます。ここでこの定理について少しくわしく見てみましょう。

すごい姿②ブラックホールの情報は表面積に保存される⁉

この定理は、「どんなことが起こってもブラックホールの表面積は減らない」というものです。当たり前のように聞こえますが、そうでもありません。

たとえば回転しているブラックホールのところで説明した**ペンローズ過程によって質量は**

減りますが、その場合でも表面積は減らないのです。またこの定理から、**ブラックホールは何が起こってもけっして分裂しない**ことが導かれます。

そもそもこの「表面積増大の定理」は名前からして、「エントロピー増大の法則」と似ています。

そこでベッケンシュタインは、「失われたエントロピーは表面積に移行する」と考えたのです。**情報は表面積に蓄えられる**、というのです。**この考えはのちに、存在の実体は表面積にある情報だという「ホログラフィック原理」という大理論に発展する**のですが、それは後で話しましょう。

これを知って驚いたのはホーキングです。ホーキングは、表面積増大の定理とエントロピー増大の定理の類似はあくまで形式的なものだと考えていたからです。

エントロピーは情報量と関係していますが、そもそもエントロピーは熱とも関係しています。もともとエントロピーとは熱量（エネルギー）を温度で割った量として導入されたことを思い出してください。エントロピーをもった物体は、同時に熱ももっているのです。熱をもった物体は、必然的にその熱をまわりに放射します。

つまり、**「ブラックホールがエントロピーをもてば、熱を出していることになる」**のです。

しかし、ブラックホールからは何も出てこないはずだったのではないでしょうか。そうです。ベッケンシュタインの考えはあまりに非常識だったので、ホーキングは自分の研究がベッケンシュタインによって間違った方向へ利用されたと感じたようです。

実際、ベッケンシュタインは1971年にホーキングのブラックホールと熱力学の対応に関する講義を聴き、それが彼の研究の発端になったのです。

ホーキングはことあるごとにベッケンシュタインが間違っていると表明しました。ところが一転、ホーキングはベッケンシュタインが正しいことを示すことになったのです。

すごい姿③ブラックホールから光が出てくる!?

1970年代前半、ホーキングはブラックホールのまわりで真空がどうなっているかを調べていました。ここで量子力学が登場します。量子力学では真空でもいろいろな種類の粒子がある確率で存在していました。その影響を考えたのです。その影響はエネルギーの揺らぎという形で現れます。

真空とはどんな粒子も存在しないエネルギーが最低の状態ですが、**量子力学ではエネルギーがわずかですが大きくなったり小さくなったりして揺らいでいる**のです。この揺らぎをもう少しくわしく説明しましょう。

真空ではいろいろな種類の粒子が存在するといいましたが、ある規則があります。あらゆる種類の粒子には、その「反粒子《はんりゅうし》」という逆の性質をもったものが存在します。たとえば電子には反対の電荷をもった陽電子《ようでんし》が存在します。光の粒である光子《こうし》は特別で、自分自身が反粒子です。

粒子と反粒子は対《つい》になってできたり消えたりします。これを粒子・反粒子の「対生成《ついせいせい》」「対消滅《ついしょうめつ》」といいます。**真空ではつねに対生成、対消滅が起こっている**のです。

対生成が起こるときはその分エネルギーが増えますが、それらは現実の粒子・反粒子として観測されることはありません。対生成でできた粒子・反粒子はすぐさま、対消滅で消えてしまい、その分エネルギーが減るのです。

粒子・反粒子をつくるにはエネルギーが必要ですが、そのエネルギーはどこから出てきたのでしょうか。それは何もない空間からちょっとの間借りたのです。

そんなことができるのか!?　空っぽの空間からエネルギーが借りられるなら、お金も貸して！　と思うかもしれません。それができるのです。空間とはそういう能力をもっているのです。

とはいえ、借りたものは返さなければなりません。**借りたエネルギーが大きければ大きいほど、短時間で空間に返さなくてはならない**のです。これは**エネルギーと時間の「不確定性関係」**といって、量子力学の基本原理です。

エネルギーの揺らぎは小さいほど起こりやすいので、電子・陽電子のように質量をもった粒子よりは質量をもたない光子の対ができやすい傾向があります。

この不確定性関係をブラックホールのまわりに当てはめたらどうなるでしょう。対生成・対消滅はいたるところで起こっています。

ブラックホールのすぐ外側で起こったとしましょう。するとブラックホールに吸い込まれますが、対生成した片方だけが吸い込まれたとき、不思議なことが起こります。もう片方はまるで一方が吸い込まれた反動ではね返されるかのように、ブラックホールから離れて飛び出していくのです。

外から見ていると、あたかもブラックホールから光が出てくるように見えるのです。まるで電球から光が出てくるように、**ブラックホールから光が出てくる**のです。

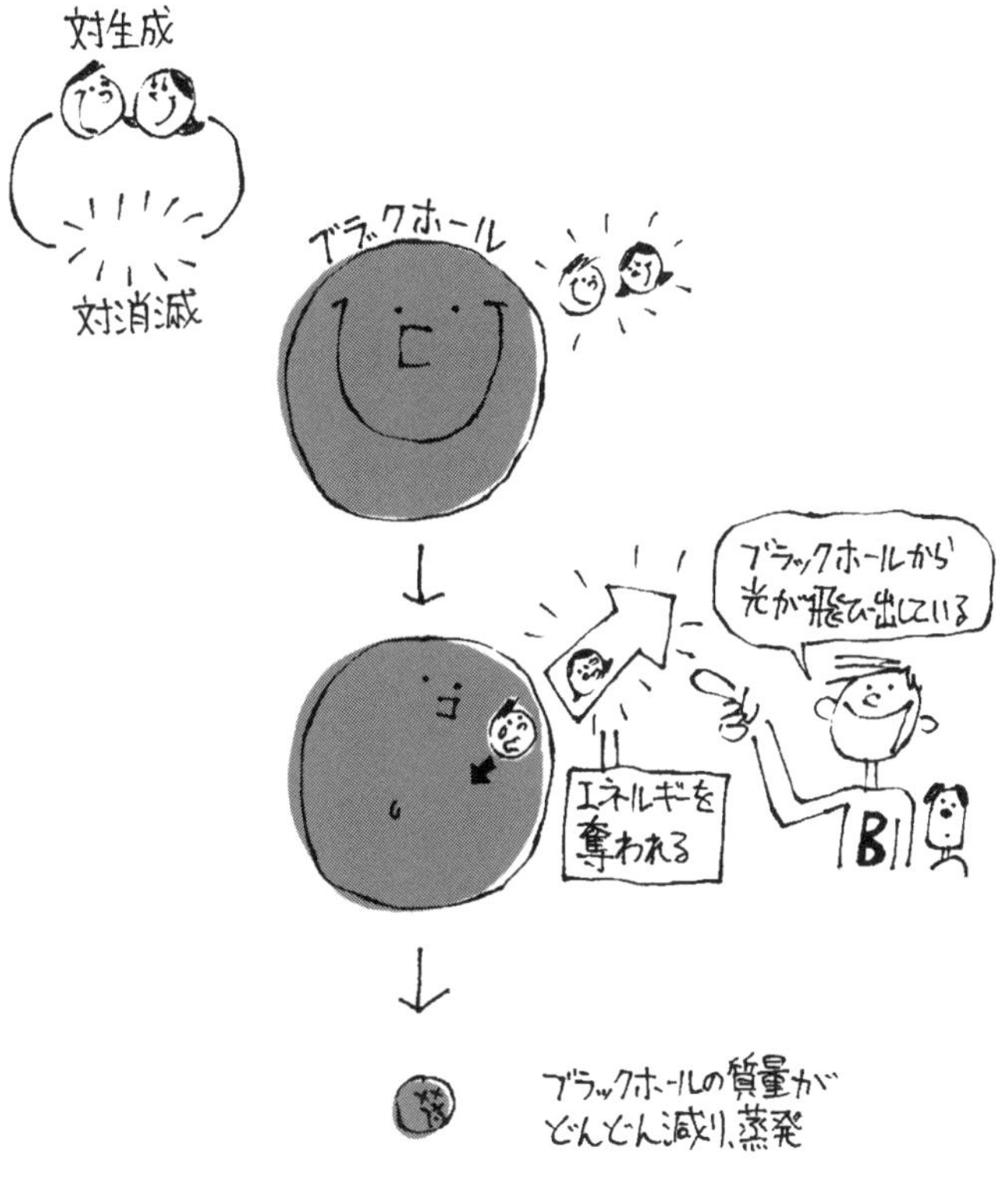
対生成
対消滅
ブラックホール
ブラックホールから
光が飛び出している
エネルギーを
奪われる
ブラックホールの質量が
どんどん減り、蒸発

そして**光はエネルギーをもっているので、その分ブラックホールの質量が減っていきます。**これを**「ブラックホールの蒸発」**といいます。

電球が温度をもっているように、ブラックホールも温度をもっています。温度をもった物体はエントロピーをもっています。くわしく計算してみると、ブラックホールがもっているエントロピーはその表面積に比例していて、ベッケンシュタインの予想どおりだったのです。

これがホーキングの得た結果です。天才ホーキングといえども、この結果にはびっくりしたでしょう。自分が頭から信じていなかったことを確かめるはめになったのですから。

すごい姿④蒸発してもエントロピー増大の法則が成り立つ⁉

しかし少し考えると、おかしなことがあります。ホーキングが示したことは、ブラックホールが蒸発して、質量も、そして表面積も減るということです。一方、ブラックホールの表面積はエントロピーに比例していました。

すると、ブラックホールの蒸発によって、ブラックホールのエントロピーが減るということになってしまいます。自分が昔に証明したブラックホールの「表面積増大定理」と、正反対の結論ではありませんか。ブラックホールは「エントロピー増大の法則」が当てはまらない特別の存在なのでしょうか。

冷蔵庫のときも、一見すると、低温の冷蔵庫内から熱を奪って高温の外に与えているので、エントロピーが減っているように見えました。これはアンモニアを気体にするために熱を与えたことを考慮すると、全体としてはエントロピーが増大していました。エントロピーを考えるときは、減少に関与したすべてのことを考慮しなければならないのです。

ひるがえってブラックホールの蒸発を考えてみると、大事なものを忘れていました。

蒸発によってブラックホールが熱くなり、熱が出てきます。熱というのは電磁波のことですが、**ブラックホールから出てくる電磁波は「黒体《こくたい》放射《ほうしゃ》」という特別なもの**です。

電磁波を特徴づけるのは、どの波長にどれだけの強度の電磁波があるかというスペクトルです。たとえば太陽からの電磁波は、さまざまな波長のところで特に強かったり弱かったりします。それは太陽の中にどんな元素がどのような状態であるかによって決まっています。

逆にいえば、スペクトルを調べることで太陽をつくっている物質の状態がわかるのです。これは太陽からの電磁波に情報がたくさん詰まっているということで、「エントロピーの低い電磁波」と考えることができます。

一方で、ブラックホールからの電磁波を調べてみると、**そのスペクトルはのっぺらぼうとしていて、ブラックホールの温度以外の情報は何も得られません。**温度以外の情報を1つももっていない、つまり多くの情報が失なわれている「**エントロピーが非常に大きな電磁波**」なのです。

このブラックホールから出てくる電磁波がもっている大量のエントロピーは、ブラックホールの表面積が減った分以上になっていて、**全体としてはやはりエントロピーが増えているのです。**

こうして**ブラックホールが蒸発する場合でも、エントロピー増大の法則が成り立っているのです。**ブラックホールの蒸発では量子力学が重要でした。つまりこのことは、量子力学が働くミクロの世界でもエントロピー増大の法則が成り立っているということを意味します。

すごい姿⑤ブラックホールは熱を出しても冷えない!?

ブラックホールは放射（光）を放出することで、だんだん質量を減らします。これがブラックホールの蒸発です。蒸発して、最後はどうなるのでしょう。熱した鉄の球ならだんだん冷えていくだけです。太陽が冷えたら白色矮星《はくしょくわいせい》になります。ではブラックホールが冷えきったらどうなるでしょう？

答えは「質問が間違っています」です。**ブラックホールは熱を出しても冷えない**のです。冷えないどころか、**熱を出せば出すほど高温になって、より激しく熱を出す**のです。そして際限なく高温になっていきます。

たとえば地球の重さの１兆分の１程度（それでも１０００兆トンくらいです）のブラックホールがあれば、その温度は１０００億度にもなり、Ｘ線を出して蒸発します。そして１００億年程度で最後は大爆発を起こして消えてしまいます。ガンマ線バーストの候補と考えられたこともあります。

このような小さな質量のブラックホールの大きさは、１兆分の１センチメートル程度です。**蒸発が進んでもっと小さくなれば、さらに高温になり、最後は大爆発で終わる**のです。どうしてこんなことが起こるかを少し考えてみましょう。

ブラックホールは蒸発によってエネルギーを失い、その質量がだんだん減っていきます。

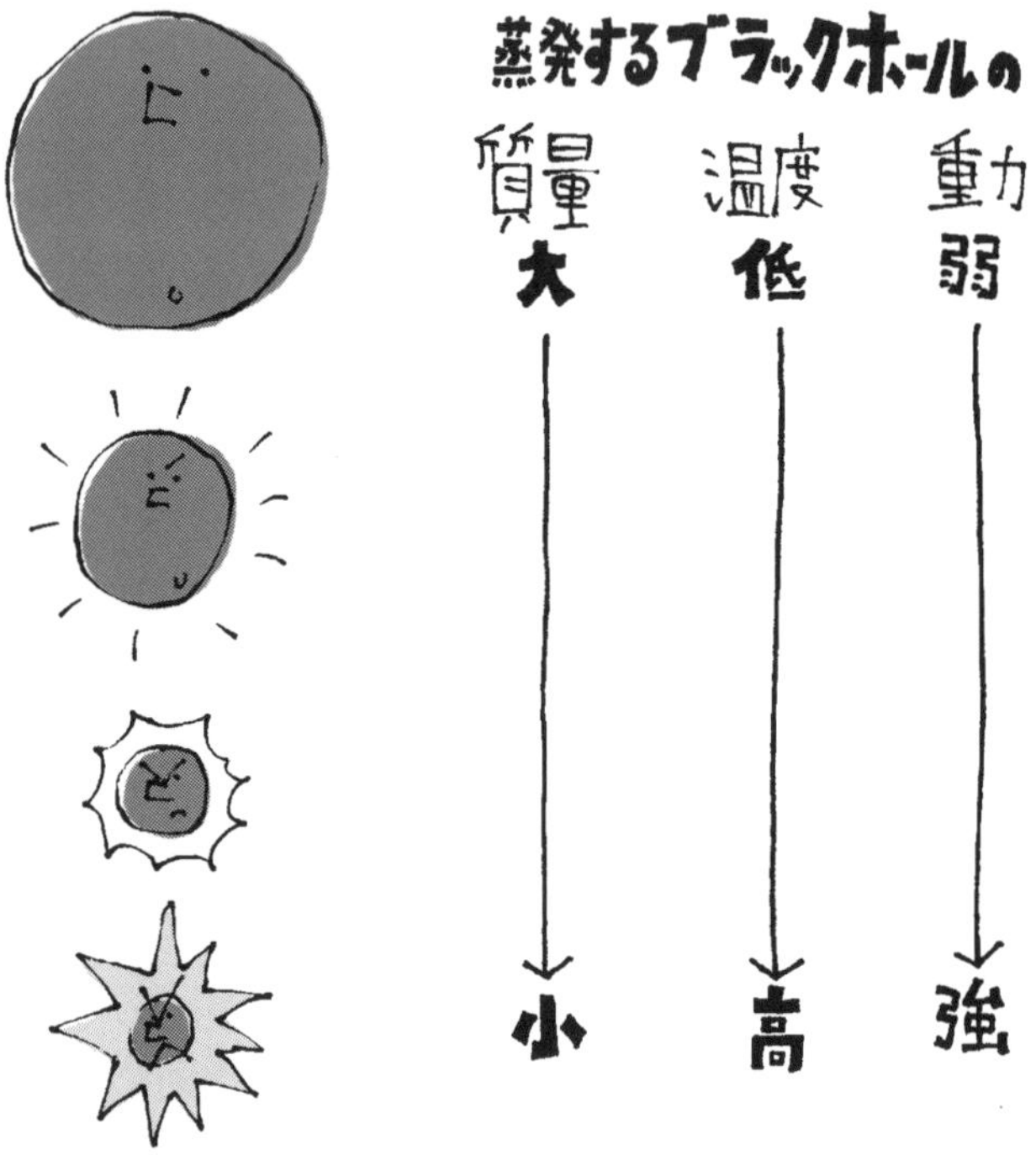
蒸発するブラックホールの
質量
大
小
温度
低
高
重力
弱
強

ブラックホールが小さくなります。

一方、重力は、重力をおよぼす質量が大きいほど、そしてその質量までの距離が近いほど強くなるという性質をもっています。ブラックホールの**蒸発によって質量が減って重力が弱くなる以上に、ブラックホールが小さくなることでブラックホール表面での重力は強くなる**のです。

また、エネルギーと時間の不確定性関係から、エネルギーの大きな粒子・反粒子の対生成は短い時間で対消滅しなければなりません。重力が弱ければ、そんな短時間で対の一方をブラックホールに引き込むことはできませんが、重力が強くなればそれは可能です。

こういうわけで蒸発によってブラックホールの質量が小さくなればなるほど、高エネルギーの光が出てくるのです。これはブラックホールの温度が高くなるということです。なぜなら高温の物体ほどエネルギーの大きな光を出すからです。

間違いだったホーキングの「情報パラドックス」

ブラックホールが出す熱のエントロピーを考慮することで、すべての問題が解決したのでしょうか。じつはそうではなく、もっと深い問題が現れたのです。

大爆発で終わったブラックホールの蒸発の後には、何が残るのでしょう。もし跡形《あとかた》もなく爆発してしまったら、ブラックホールの中にあった情報はどこに行ってしまったのでしょう。**情報は完全に消えてしまったのでしょうか。**

情報が消えても別にかまわないのでは、と思うかもしれません。しかし、物理学ではそんな勝手なことはできないのです。特に量子力学では、情報が消えることは許されません。

ブラックホールの蒸発は、量子力学をブラックホールに当てはめることで予言されたのですが、その予言の帰結は量子力学と矛盾するように見えます。これをホーキングは**ブラックホールの「情報パラドックス」**と呼びました。そしてブラックホールの蒸発で量子力学は破《は》綻《たん》し、実際に情報は失われてしまうだろうと予言しました。

一方、量子力学は破綻しないと考える研究者もいます。その人たちの意見は**ブラックホールが蒸発しているとき、よくよく見ると情報も一緒に漏《も》れ出てくる**と考えるのです。

茶目っ気のあるホーキングは、そのような意見の代表のプレスキルというアメリカの研究者と賭けをしました。間違ったほうが好きな事典を贈るというのです。

その後の研究の進展で、どうもホーキングの旗色が悪くなってきました。ブラックホールの蒸発の際に情報が漏れ出していることを示す理論的な兆候が、いろいろと出てきたのです。

そしてついに2005年の学会で、ホーキングは自分の間違いを認めて、プレスキルに野球の事典を贈ったそうです。

ブラックホールが温度やエントロピーをもち蒸発することは、ブラックホールにミクロな世界の法則である量子力学を適用してわかったことです。そして、このことはミニブラックホールに限らず、どんな質量のブラックホールに対してもあてはまります。

ただ、星がつぶれてできるブラックホールや銀河中心にある巨大なブラックホールの場合は、温度が極端に低く蒸発には果てしない時間がかかるため、量子力学的な影響は無視していいのです。

たとえば太陽質量のブラックホールの場合、温度は250万分の1度程度で、蒸発して超高温になるには10の65乗年程度もの長大な時間がかかります。したがって、マクロな世界のブラックホールを調べるには古典的な重力理論（一般相対性理論）で十分なのです。

しかし素粒子レベルのミニブラックホールの場合、そうはいきません。量子力学の効果が重要になります。その効果は、蒸発がすすんで温度が高くなればなるほど、大きくなっていきます。

そのような状況では、一般相対性理論は大きな変更を受けることになります。蒸発の最後の最後で何が起こるかを調べるには、量子力学によって大きく変更された一般相対性理論が必要です。

ところが、ミクロの世界の法則である量子力学とマクロの世界の法則の一般相対性理論はまったく異質な理論で、相性がよくありません。21世紀に残された課題は、この2つの理論を統合する理論をつくることなのです。この理論を「量子重力理論」といいます。

量子重力理論の最有力候補と考えられているのが「超弦理論」(後述)です。量子重力理論がわかって初めて、ブラックホールの運命や宇宙のはじまりが解明されるのです。

真空を埋め尽くす素粒子「ヒッグス粒子」

もう少しミクロの世界を見てみましょう。原子は原子核と電子からできています。原子核は原子の大きさの1000分の1程度で、陽子と中性子《ちゅうせいし》からできています。ここで考えるミクロの世界とは、**陽子や中性子よりももっともっと小さい世界**です。**そこでは、私たちの知**

っている空間以外の空間が現れるかもしれないのです。そして、ミクロの世界でブラックホールがどのような最後を迎えるのかを考えていくと、宇宙誕生の謎に迫ることになるのです。

まず陽子や中性子の中をのぞいてみましょう。その中には３つの「クォーク」と呼ばれる素《そ》粒子《りゅうし》と、それらのまわりを雲のようにからみつく多数の「グルーオン」と呼ばれる粒子が見えます。

ここで、これまで何度か出てきた素粒子についてまとめておきましょう。**素粒子とは宇宙のありとあらゆる物質の究極の構成粒子のこと**です。私たちの体をつくっているのは炭素原子や窒素原子などの原子ですが、原子は究極の構成要素ではありません。

陽子と中性子からできた原子核が原子の中心にあり、そのまわりを電子が取り囲んでいます。電子は素粒子と考えられていますが、陽子と中性子は素粒子ではありません。先ほど触れたように、その中にクォークがあるからで、これが素粒子となります。

素粒子はもちろん人間の目では見えません。人間の目は波長が数百ナノメートル（10のマイナス８乗センチメートル）の電磁波（＝可視光）を感じるようになっています。それより長い波長も短い波長の電磁波も、感じることができません。

素粒子は10のマイナス15乗センチメートル以下のミクロの世界のことなので、それより短い電磁波でないと「中は見えない」のです。

じつは現在でも直接、陽子や中性子の中を見ることはできません。クォーク同士はまるでばねに結ばれているように（ばねの役割をするのがグルーオン）、お互いの距離を離そうとすればするほど強くなるからです。

クォークがばらばらになるのは宇宙のごく初期、ビッグバンから１００万分の1秒後の超高温状態やブラックホールの蒸発が進み、ブラックホールの質量が10兆トンくらいになった頃です。そのときの温度は数兆度となり、陽子や中性子すら溶けてしまい、クォークが現れるのです。


さらに高温になると、もっと不思議なことが起こります。真空が溶けるのです。量子力学でいう真空とは何もない状態ではなく、さまざまな粒子・反粒子の対生成、対消滅がくり返し起こっているという説明をしました。

じつは**現在の宇宙の真空は**それだけではありません。**「ヒッグス粒子」という素粒子が空間をべったりと埋め尽くしている**のです。魚が海の中に住んでいるように、私たちはヒッグスの海の中に住んでいるのです。

ヒッグス粒子の存在は半世紀前に予言され、それ以来探し求められてきました。そしてついに２０１２年、発見されたというニュースが世界中を駆け巡りました。このニュースが大きくとりあげられたのは、ヒッグス粒子が「力の統一」のために必要だからです。

自然界にある「４つの力」の統一

重力や電気の力や磁気の力（磁石が鉄を引きつけたり反発する力）についてはよく知られていますが、電気力と磁気力がじつは「電磁気力」という１つの力であることは、19世紀にスコットランドの物理学者マクスウェルによって示されました。

これによって、電気の振動と磁気の振動が交互にくり返して空間を進む「電磁波」があることが明らかになりました。

マクスウェルはアインシュタインが最も尊敬した物理学者です。アインシュタインのつくった一般相対性理論も、ある見方をすると「ニュートンの重力を電気力に相当させ、それ以外に磁気力に相当する重力を見つけて統一した」ということができます。

その結果、重力の振動が空間を伝わる「重力波」の存在が明らかになったのでした。

重力と電磁気力は私たちの身のまわりで働く力ですが、自然にはこのほかに「強い力」と

力の統一

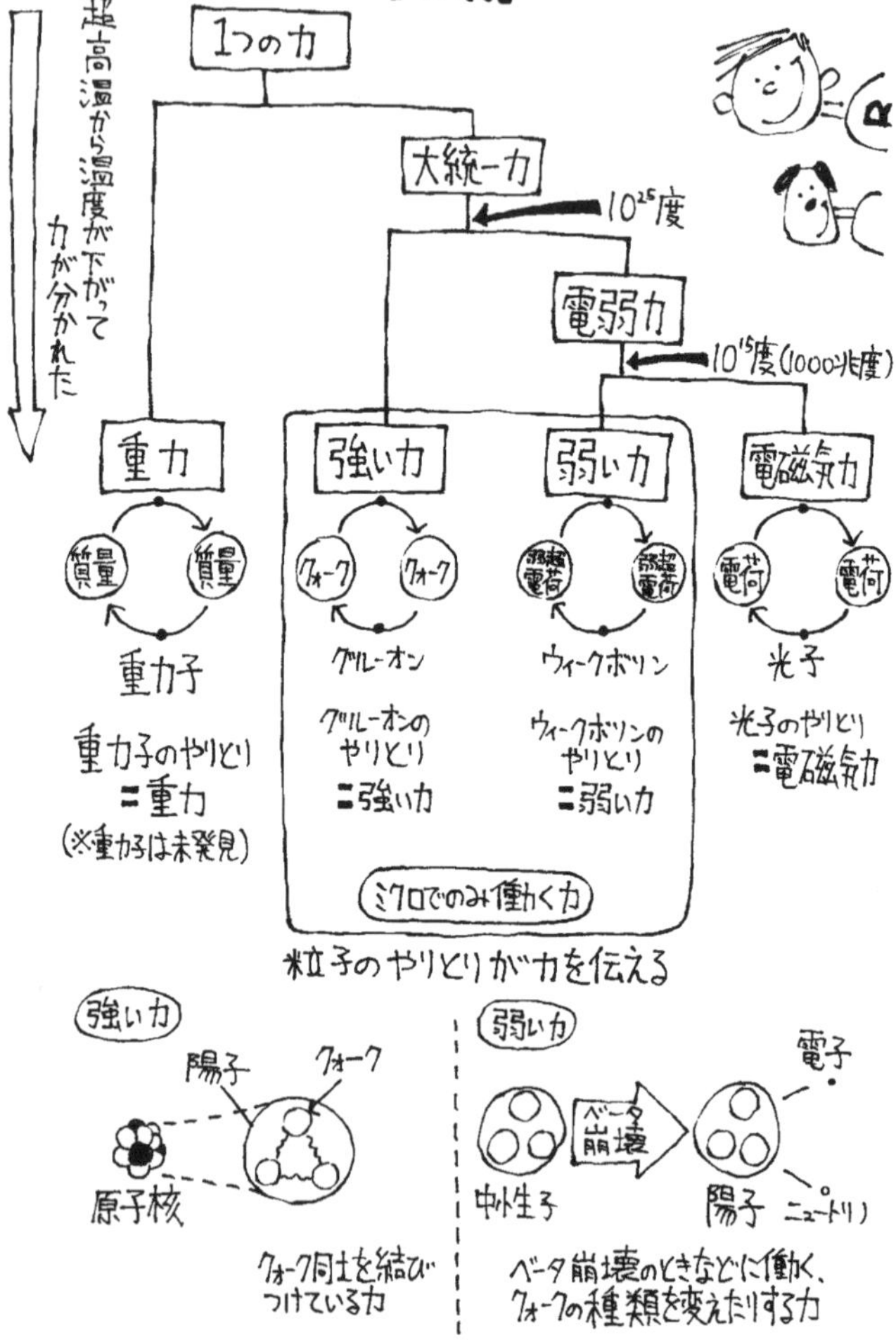
超超高温から温度が下がって力が分かれた
1つの力
大統一力
10^{25}度
電弱力
10^{15}度（1000兆度）
重力
強い力
弱い力
電磁気力
質量
質量
クォーク
クォーク
弱超電荷
弱超電荷
電荷
電荷
重力子
グルーオン
ウィークボソン
光子
重力子のやりとり
＝重力
（※重力子は未発見）
グルーオンの
やりとり
＝強い力
ウィークボソンの
やりとり
＝弱い力
光子のやりとり
＝電磁気力
ミクロでのみ働く力
粒子のやりとりが力を伝える
強い力
陽子
クォーク
原子核
クォーク同士を結び
つけている力
弱い力
ベータ
崩壊
中性子
陽子
電子
ニュートリノ
ベータ崩壊のときなどに働く、
クォークの種類を変えたりする力

「弱い力」が存在することがわかっています。この２つの力はミクロの世界でしか働かないので、発見が遅れたのです。

強い力と弱い力、妙にあっさりとした名前ですね。これは、原子核内で働く未知の力のうち、便宜上、強いほうを「強い力」、弱いほうを「弱い力」と呼んでいたものが正式名称となったのです。

強い力はクォークの間で働いて陽子や中性子をつくる力です。この力を伝えるのが「グルーオン」です。一方、弱い力はクォークの種類を変えて中性子を陽子に変える力です。弱い力を伝える粒子を「ウィークボソン」と呼びます。

強い力と弱い力が発見される前から、アインシュタインはなぜ自然には重力と電磁気力という２つの力があるのかということを考えてきました。マクスウェルが電気力と磁気力を統一したように、重力と電磁気力はもともと１つの力ではないのかと思ったのです。

この疑問は、２つのミクロの力が発見されてからは、なぜ自然には４つの力が存在するかという疑問になりました。そして１９６０年代後半、電磁気力と弱い力は、電弱力という１つの力で統一されるという理論が現れたのです。このなかで最も重要な役割をするのがヒッグス粒子です。

ヒッグス粒子の蒸発がブラックホール大爆発をもたらす

電磁気力と弱い力の最も大きな違いは、マクロとミクロの違いです。電磁気力は身のまわりのマクロの世界で働くのに、弱い力は素粒子の世界でしか働かない力です。これを物理学者は「力の到達距離が非常に短い」という言葉で表します。

この言葉でいえば、電磁気力は到達距離が無限に長いのです。その理由は、電磁気力を伝える光子の質量はゼロなのに、弱い力を伝えるウィークボソンの質量は非常に重たいからです。重たい粒子は遠くに飛ばすことができないのです。

そこで考えられたのがヒッグス粒子。もともとウィークボソンは質量がゼロだったのですが、ヒッグス粒子が空間を埋め尽くすことで、ウィークボソンのまわりにまとわりついて大きな質量を与えた、とするのです。光子だけはヒッグス粒子の海の中を自由に泳いでいると考えます。こうして**ヒッグス粒子の発見は、電磁気力と弱い力が1つの力であることを示すことになる**のです。

しかし1000兆度を超すような**超高温になると、空間でおとなしくしていたヒッグス粒**

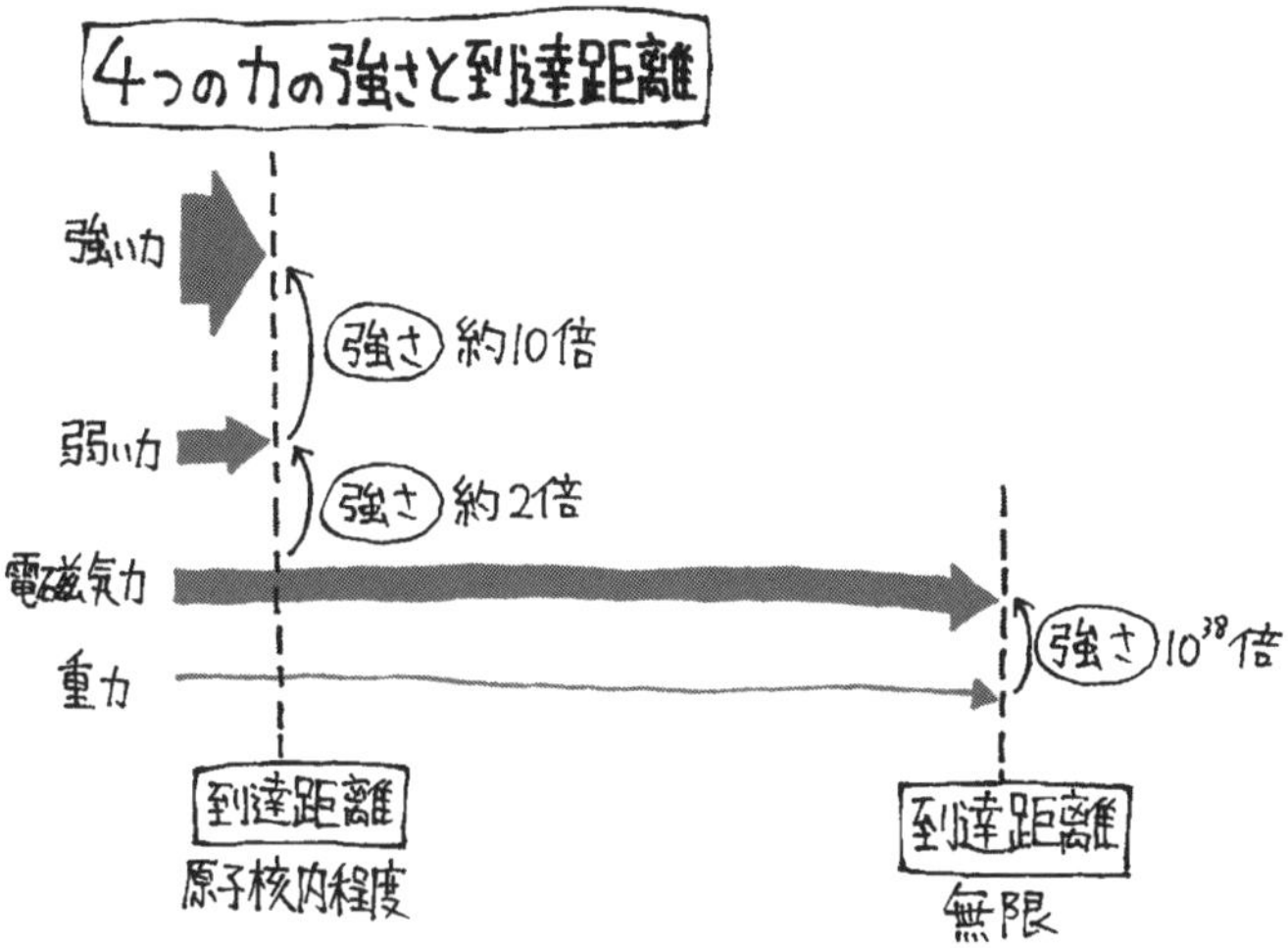
4つの力の強さと到達距離
強い力
強さ 約10倍
弱い力
強さ 約2倍
電磁気力
強さ 10^{38}倍
重力
到達距離
原子核内程度
到達距離
無限

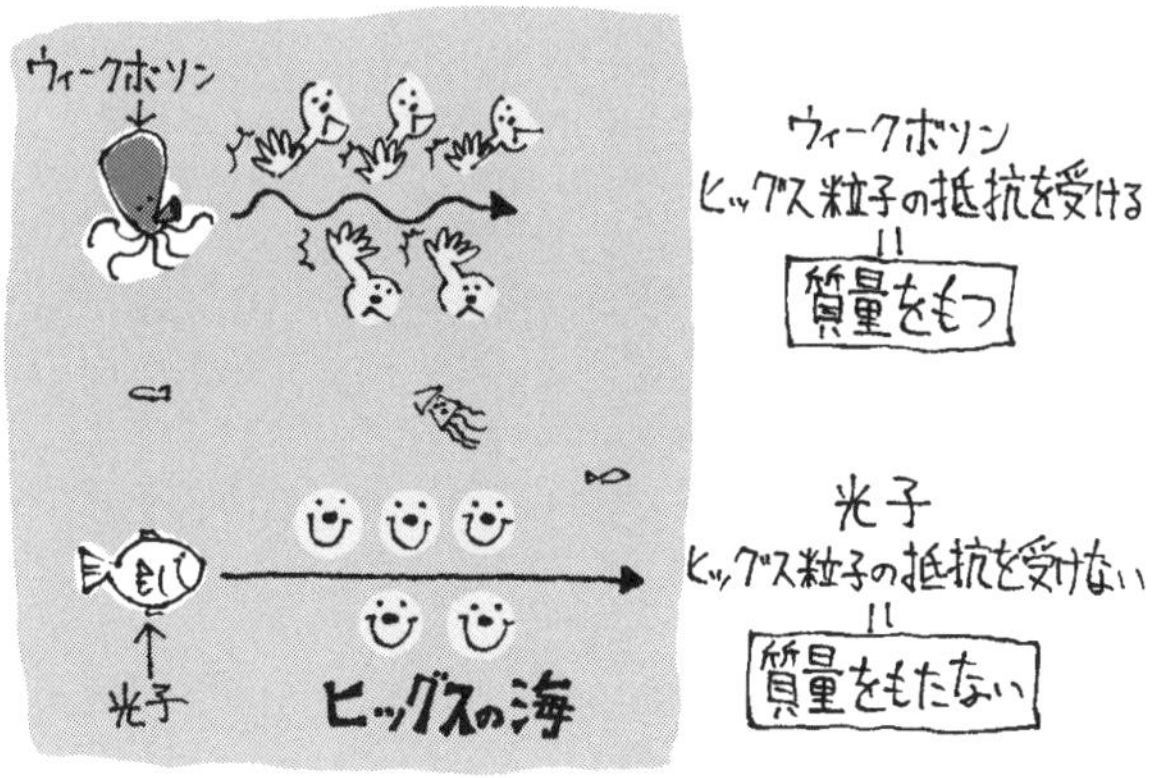
ウィークボソン
光子
ヒッグスの海
ウィークボソン
ヒッグス粒子の抵抗を受ける
＝
質量をもつ
光子
ヒッグス粒子の抵抗を受けない
＝
質量をもたない

つき、**粒子が暴れだし、水が蒸発するように蒸発してしまいます。**するとヒッグス粒子がまつわりついて質量をもっていた**粒子はすべて、その質量を失ってしまいます。**

これはブラックホールの蒸発に大きな影響を与えます。ブラックホールのまわりで粒子の対生成が起こることが、蒸発の原因でした。そして質量が小さい粒子ほど、対生成を起こしやすいのでした。

では何が起こるかといえば、ブラックホールの蒸発が進み温度が1000兆度あたりになると、**質量がゼロの粒子が一挙に増えるので、蒸発に拍車がかかって大爆発となる**のです。

話はここで終わりません。さらに温度が上がって10の後に0が25個もつくような**超超高温度になると、電弱力と強い力が統一される**と考えられています。この力を「大統一力」といいます。

この統一にも違った種類のヒッグス粒子が必要です。しかし残念ながら、現在の技術ではエネルギーが高すぎてこのヒッグス粒子を発見することはできません。

ブラックホールの蒸発が進み10の25乗度くらいになると、やはり大爆発が起こるでしょう。

そしてその後どうなるのか？　今度は大統一力と残った重力が統一されると予測されていますが、その仕組みはまだ解明されていません。それが明らかになったときに、ブラックホールの最後の姿と宇宙のはじまりの姿を知ることができるのです。

高次元はミニブラックホールができやすい――「超弦理論」

宇宙のはじまりを考えることにつながる大統一力と重力の統一の仕組みについて、現在模索されている考えを紹介しましょう。これらはブラックホールの最後を知るためばかりでなく、ブラックホールとより深い関係をもっています。

現在、最も有望といわれているのが「超弦理論（超ひも理論）」です。あらゆる力を統一し、量子論と重力理論を統合させる最終理論「量子重力理論」として期待されているものです。

超弦の弦というのはバイオリンの弦と同じで、伸び縮みしたり振動したりするゴムのようなものです。超弦の超はちょっと説明が難しいのですが、「超対称性」の意味で、あらゆる種類の素粒子を統一的に表すのに必要な仕組みです。まず超対称性を説明しましょう。

「対称性」というのは物理学用語です。たとえば1枚の紙の右と左にまったく同じ模様があるとき、それを「右と左の対称性がある」という言い方をします。また、真ん丸の球を考えるとき、その球が中心を軸に回転しても元の形と区別がつきません。これを「球は回転対称性がある」といいます。

一方、**素粒子は「フェルミオン」と「ボソン」の2種類に分けられます。**フェルミオンは物質をつくる素粒子、ボソンは力を伝える素粒子と、性質はまったく違います。物質をつくっている陽子、中性子、電子などはフェルミオン、力を伝えている光子、ウィークボソン、グルーオンなどがボソンです。重力を伝えるのは重力子《じゅうりょくし》といって、これもボソンです。

超対称性というのは、このフェルミオンとボソンを1対1に対応させる仕組みのことです（一般的な対称性と区別するため、超がついています）。たとえばフェルミオンである電子（エレクトロン）に対応してボソン（スエレクトロン）が存在し、ボソンである光子（フォトン）に対応してフェルミオン（フォティーノ）が存在します。このように考えると、異なる素粒子を結びつけることができるのです。

さて、超弦理論の話に戻りましょう。この弦は10のマイナス35乗センチメートル程度という途方もなく小さなもので、それが振動しています。振動の仕方によって、別な素粒子に見

ボソン	↔	フェルミオン
力を伝える粒子		物質をつくる粒子
★スクォーク	↔	クォーク
★スエレクトロン	↔	電子(エレクトロン)
ヒッグス粒子	↔	ヒグシーノ★
光子(フォトン)	↔	フォティーノ★

おもな超対称性粒子
(★印はまだ発見されていない)

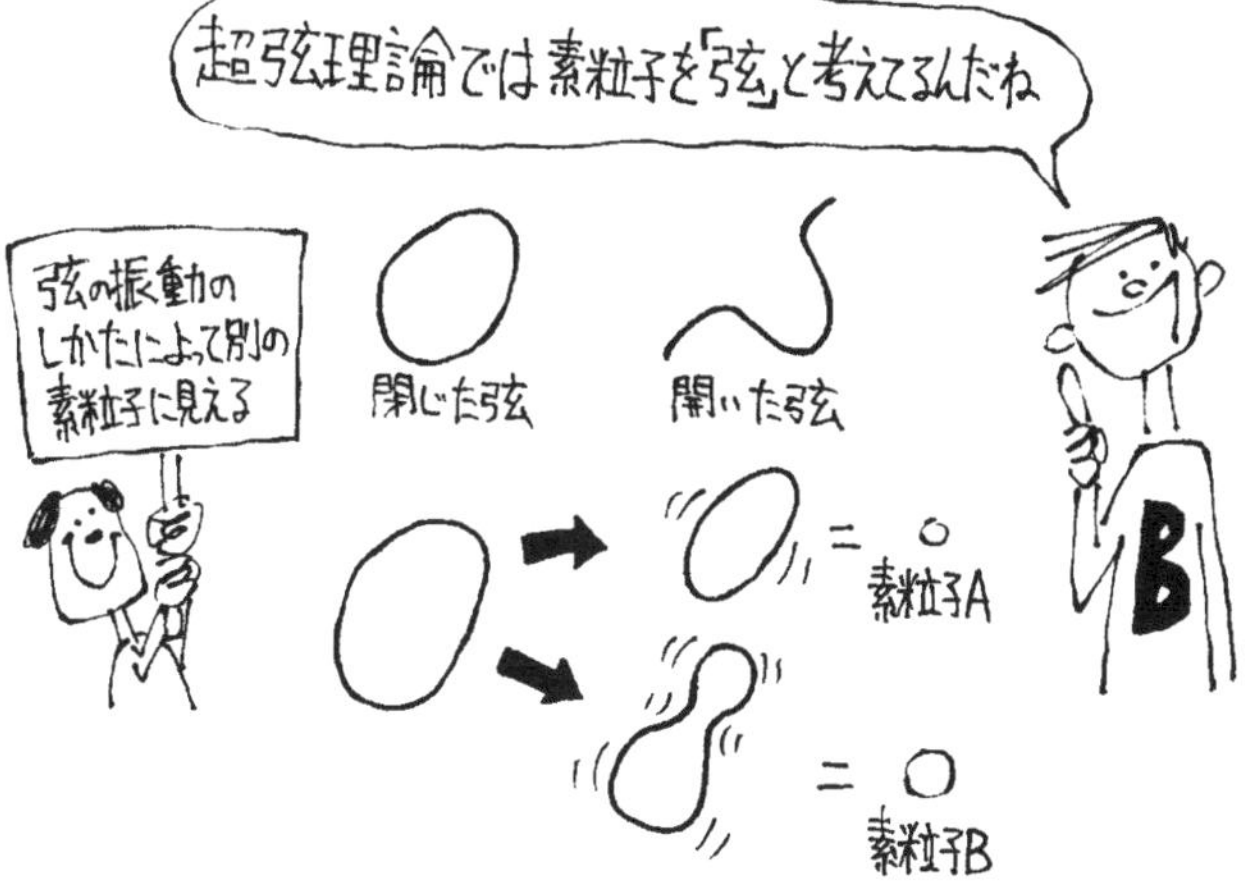

超弦理論では素粒子を「弦」と考えてるんだね
弦の振動のしかたによって別の素粒子に見える
閉じた弦
開いた弦
素粒子A
素粒子B
B

えるのです。

このとき考えうるあらゆる種類の素粒子に見えるためには、「超対称性」が必要なのです。

この超弦理論はまだ何の実験的な検証もなく理論的に考えられているにすぎませんが、1つ重要なことは、**この理論を用いるとブラックホールのエントロピーが説明できる**点です。原子論の立場では、エントロピーというのは、粒子のとりうるあらゆる状態の数に対応していました。したがってブラックホールのエントロピーも何かしらの状態の数に対応していると考えるのが自然です。

超弦理論では**ブラックホールの中心付近は、端《はし》をもった多数の振動している弦がうようよいる状態**と考えられています。これを弦の凝縮《ぎょうしゅく》状態といいますが、**この状態のとりうる数を勘定《かんじょう》していくと、ちょうどエントロピー＝表面積に対応している**ことが示されたのです。

また超弦理論は、10次元時空（時間1次元、空間9次元）という高次元における理論でありますが、さらにより一般的な理論も提唱されています。「M理論」と呼ばれるその理論では、空間が10次元で、超弦理論の弦の中にもう1つ次元が隠れているというのです。

本当のところはまだわかりませんが、**空間の次元が3次元よりも多い高次元空間になるとミニブラックホールができやすくなります。**

私たちの住んでいる３次元空間では、重力は「逆２乗則」にしたがっています。これは距離が２倍になれば重力の強さは（２の２乗の）４分の１に減るということです。逆にいえば、**重力源から２分の１の距離に近づくと、重力は４倍になる**ということです。

この逆２乗則は、空間が３次元だから成り立つのです。３次元空間では、１点から広がった球の表面積は、中心からの距離の２乗に比例して大きくなるからです。

重力を伝える線（力線《りきせん》）が中心からある決まった本数だけ、四方八方に広がっていることを想像してください。力線の本数は変わりませんが、力線が貫く球の表面積が距離とともに距離の２乗で増えているので、ある決まった面積当たりに貫く本数は距離の２乗に反比例して少なくなるのがわかるでしょう。

もし空間の次元が３ではなくて４だとしたら、４次元空間の球面は半径の３乗に比例するので、重力は逆３乗則にしたがうということになります。９次元空間なら球面の面積は半径の８乗に比例し、重力は逆８乗則にしたがうことになります。

このように空間次元が多ければ多いほど、重力の強さは変わっていくのです。**空間次元が**

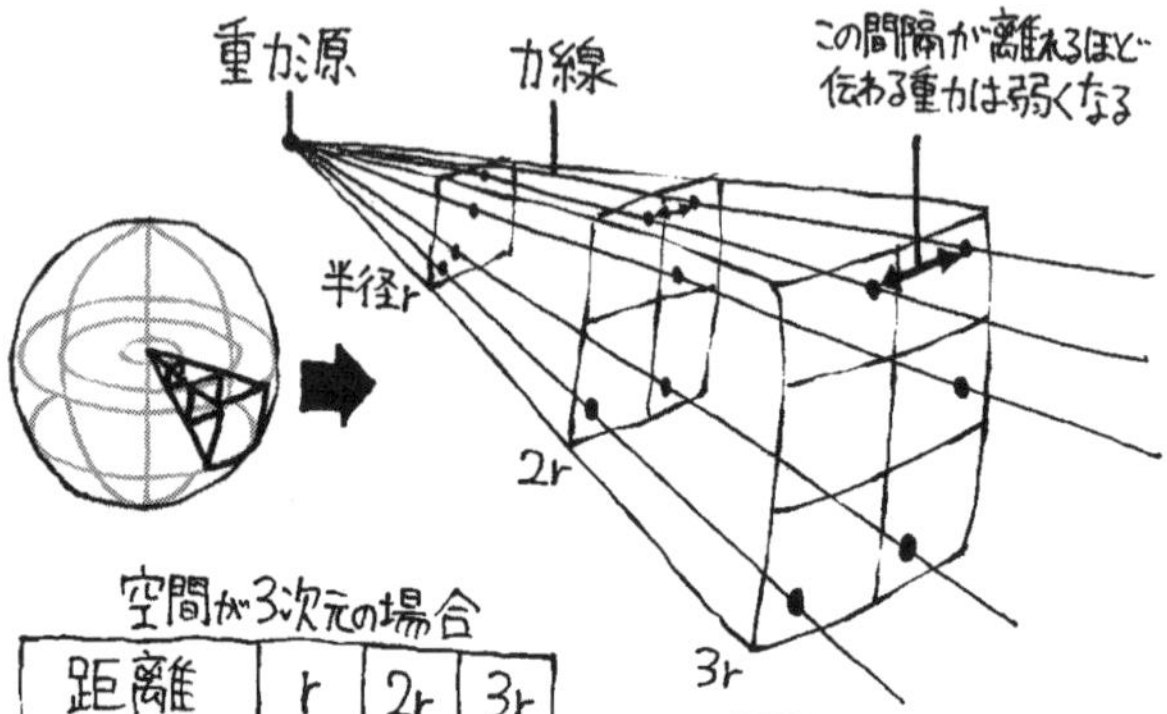
重力源
力線
この間隔が離れるほど
伝わる重力は弱くなる
半径r
2r
3r

空間が3次元の場合

距離	r	2r	3r
球面の表面積	r^2	$(2r)^2$	$(3r)^2$
重力の強さ	1	$\frac{1}{4}$	$\frac{1}{9}$

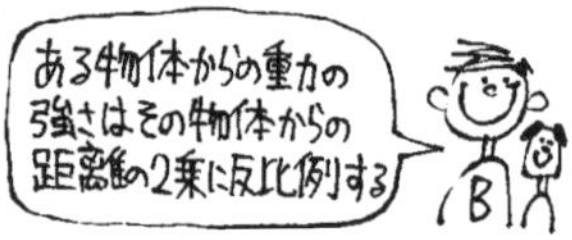
ある物体からの重力の強さはその物体からの距離の2乗に反比例する
B

ということは・・・・

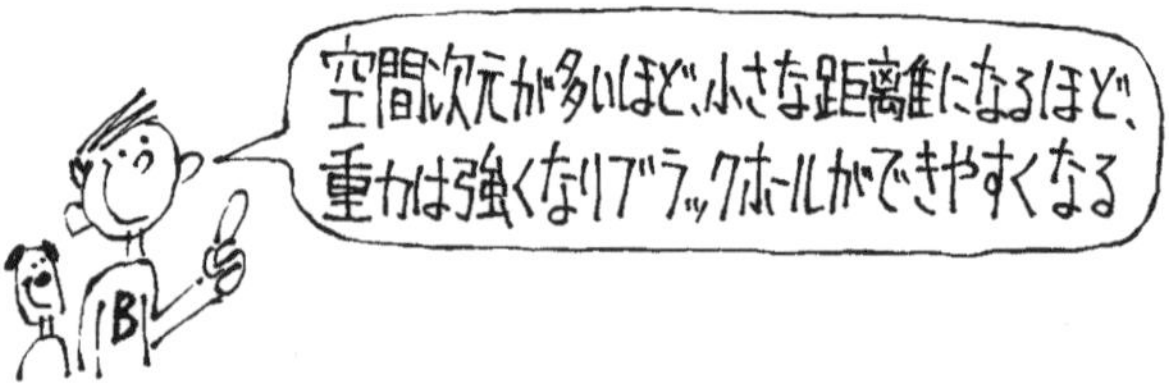
空間次元が多いほど、小さな距離になるほど、重力は強くなりブラックホールができやすくなる
B

多ければ多いほど、小さな距離になればなるほど、重力は強くなるのです。重力が強ければ、ブラックホールは簡単にできます。

高次元空間の理論には超弦理論のほかにもいくつもの種類があり、私たちが認識している3次元空間以外の空間は、観測できないほど小さく小さく丸まっているという説もあります。たとえば、遠くから見たら1本のひものように見えるゴムホースも、近寄って見れば穴の開いた管《くだ》であることがわかるのと同じように、**ある小さなスケールより短くなると、とたんに小さく隠れていた次元が見えてきます。**そして力線も、隠れていた次元方向にも広がっていきます。

この場合重力は、あるスケールを境に、それ以下ではどんどん強くなり、ブラックホールができやすくなるのです。

高次元理論が正しければ、ミクロの世界では、重力は私たちが知っているよりもはるかに強く、ちょっとしたことで超ミニブラックホールができては消え、できては消えしているかもしれません。

この宇宙は幻なのか?——「ホログラフィック原理」

最後に、ブラックホールとエントロピーの関係から発展した面白い理論を紹介しましょう。この理論は私たちの宇宙に関する概念、われわれの存在そのものを根本から変えるものです。

ホログラムを知っていますか? 景色が浮き上がって見える絵ハガキがそれです。初めて見るととても不思議な感じがします。2次元の面に書き込まれた情報が、3次元空間の映像のように見えているのです。

ひるがえって、ブラックホールのエントロピーを思い出してください。ブラックホールの中に入った情報は、ブラックホールのエントロピー(表面積)の増加として記録されました。これは**ブラックホールの中の3次元の情報が、表面という2次元に記録されたた**ということです。ここでいう情報とは、コンピュータの中の情報のように0(=ない)と1(=ある)の集合です。

この考え方を私たちの世界にあてはめてみたら、どうなるでしょう。そこから、**私たちの**

3次元空間の出来事は、2次元面の「境界」上に書き込まれた情報によって現れた映像にすぎないのではないか、という予想が生まれました。境界というのが想像しにくければ、球とその表面を考えてください。表面が境界です。

私たちが認識している3次元空間はある種の幻《まぼろし》で、無限の遠方にある2次元面の境界が本当の現実だという見方が成り立つのです。このような見方を「**ホログラフィック原理**」といいます。

この予想を宇宙全体に適用すると、宇宙全体を支配する法則（超弦理論などの量子重力理論のこと）と、無限遠方にある2次元境界上の別の法則（重力と関係のない量子理論）が同等である、という予想が導かれます。

どちらの理論も同じ実験結果を予言するので、その意味では、こちらの理論が正しくてこちらは正しくない、ということはありません。物理学の範囲では、どちらも現象を同等に記述する＝どちらの見方も正しい、のです。

実際に、ホログラフィック原理が現実の宇宙に対して成り立っているという証明はまだありませんが、次のような状況証拠があります。

力の統一の最終理論と期待されている超弦理論から導かれる**「超重力理論」**という理論があります。超弦理論の基本要素はごくごく小さな「弦」ですが、この「弦」の長さをゼロとすると、超弦理論は超重力理論になります。

歴史的には、超重力理論が最初に考えられました。この理論は、重力の理論である「一般相対性理論」に「超対称性」を入れて拡張したものです。こうすると、重力を含めたすべての力を統一できる可能性が出てくるのです。

超重力理論は1980年代にさかんに研究されましたが、目立った成果が出ないまま忘れられたような存在になっていました。ところが超弦理論の登場とともに、その理論との関係でよみがえったのです。

そして、この超重力理論でホログラフィック的な状況が成り立っていることがわかったのです。

1997年、アルゼンチン出身のマルダセナという物理学者が、ある種の4次元空間での超重力理論が、この空間の3次元境界上の量子理論と同等ではないかと予想しました。

その後、それが成り立っていることが確認され、さらにほかの次元でも同様に、**ある次元の超重力理論が、それよりも1次元低い空間の量子理論と同等である**ことが確からしくなっ

私たちの考えている宇宙＝3次元空間＝幻
本当の宇宙＝2次元面
（＝境界面上に書き込まれた情報の世界）
ホログラフィック原理では、境界面が本当の世界で、3次元は幻と考えるんだって！

てきたのです。たとえば、6次元空間の超重力理論は5次元空間の量子理論と同等、7次元空間の超重力理論は6次元空間の量子理論と同等、といった具合です。

先にも述べたように、2つの理論はまったく別に見えても、同じ実験結果を予言するのです。これはたとえば、3次元空間の量子重力理論を2次元空間の量子理論で表す、あるいはその逆に2次元空間の量子理論を3次元空間の量子重力理論で表す、という双方向のとらえ方ができることを意味します。

そうすると**3次元空間の難しい量子重力理論を2次元空間の量子理論で簡単に解ける**という実用的な利点もあり、この研究は非常に注目されています。

このように、どちらの見方でも正しいと主張してよいのですが、ここではホログラフィック原理の立場に立って、低次元の見方が真実だと考えてみましょう。

すると私たちは3次元空間の世界に住んでいると信じていますが、ひょっとすると**真実の世界は2次元面で、3次元空間と思っているのは、われわれの存在も含めて2次元面上の情報から映し出された幻**なのかもしれません。ちょうどホログラムが2次元の情報から3次元世界をつくり出しているように。

アインシュタインは物理学を、「神の図書館にある神の言葉で書いた書物を読むことだ」という意味のことを言いました。ホログラフィック原理が正しいとすれば、神の図書館は「境界面」上にあるのかもしれません。

実際の宇宙でホログラフィック原理が成り立っているのか、私たちが認識している宇宙は幻なのか――。ミクロの世界のミニブラックホールの研究は、私たちの存在そのものにまで疑問を投げかけているのです。

エピローグ　ブラックホール誕生の瞬間

２０＊＊年の真夏の夜、日本中の大学のニュートリノ望遠鏡関係者と大型低温重力波望遠鏡の関係者の携帯が鳴りました。岐阜県・神岡《かみおか》鉱山の地下１０００メートルに設置されたニュートリノ望遠鏡と重力波望遠鏡が「宇宙からニュートリノと重力波を検出した！」という第一報でした。

地球の近くの超新星としては、１９８７年、大マゼラン星雲に現れたもの以来の超新星が現れたのです。

検出されたニュートリノの数を聞いた研究者たちは、愕然《がくぜん》としました。前回の超新星爆発で検出されたニュートリノはたったの11個でしたが、今回はその数千倍のニュートリノが検出されたのです。これは、現れた超新星が、大マゼラン星雲に現れたものに比べてはるかに近い、ということを意味します。

爆発の規模にもよりますが、検出されたニュートリノの数は、この超新星までの距離が大マゼラン星雲までの距離約16万8000光年の10分の1から100分の1であること、したがって確実に私たちの銀河系の中で起こったことを意味しています。

さらに重力波が検出されたことは、超新星爆発がまわりの空間自体を振動させ、それが地球にまで伝わってきたことを意味しています。この現象は「重力波」と呼ばれ、アインシュタインが100年以上も前に予言したことです。

いま、人類は初めて重力波を直接観測したのです。

世界中の何ヵ所かに設置された同様のニュートリノ望遠鏡、重力波望遠鏡でも信号が観測され、それらを総合すると、超新星爆発は南天の南十字星付近に出たことがわかりました。

そこには昔から知られている奇妙な星がありました。南十字星の近くに「りゅうこつ座」という星座がありますが、その一角に「イータ・カリーナ」と呼ばれる、地球から約7500光年離れた星があったのです。

この星について、17世紀には4等星だという報告があるのですが、19世紀の中頃に突然0等級という、シリウスに次ぐ全天第二の明るさに輝きました。その後は暗くなり肉眼では見えなくなりましたが、20世紀に入りふたたび明るくなり、6等星になっていました。

20世紀後半の観測で、じつはこの星は単独の星ではなく、太陽質量の約70倍の星のまわりを太陽質量の40倍の星が周期5・5年の細長い楕円軌道を描いて回っている連星系で、星の進化の最終段階にあることがわかっていました。特に太陽質量の70倍の星は、いつ爆発してもおかしくないと考えられていました。

爆発を起こした星は、まさにイータ・カリーナにちがいありません。すばる望遠鏡をはじめ南天が観測できる世界中の望遠鏡が、イータ・カリーナに向けられました。

ニュートリノと重力波は星が爆発した直後、その中心から飛び出してきますが、中からの光は中心部の密度があまりに高いためまわりの物質と衝突をくり返し、表面に出てくるまでに余分に時間がかかります。

世界中の天文学者がいまや遅し、とかたずをのんで見守るなか、10時間後、ニュートリノと重力波の検出から、木星のように輝く星が現れたのです。この爆発はこれまで観測された超新星よりもさらに明るく、極《ごく》超新星と呼ばれるもので、ブラックホールができたことを知らせるものでした。

ブラックホールの誕生が初めて観測された、歴史的な瞬間がついに訪れたのでした。

著者略歴

一九五三年、北海道札幌市に生まれる。京都大学理学部を卒業後、ウェールズ大学カーディフ校応用数学・天文学部博士課程を修了。東北大学大学院理学研究科天文学専攻、教授。一般相対性理論、宇宙論が専門。

著書には『やさしくわかる相対性理論』『図解雑学 宇宙１３７億年の謎』（以上、ナツメ社）、『ここまでわかった宇宙の謎』（講談社+α文庫）、『宇宙の果てを探る』（洋泉社カラー新書）、『宇宙には何があるのか』（静山社文庫）、『どうして時間は「流れる」のか』（ＰＨＰ新書）、『日本人と宇宙』（朝日新書）などがある。

ブラックホールに近《ちか》づいたらどうなるか？

二〇一四年二月一六日　第一刷発行
二〇一九年九月二六日　第四刷発行

著者　二間《ふたま》瀬《せ》敏史《としふみ》
発行者　古屋信吾
発行所　株式会社さくら舎　http://www.sakurasha.com
東京都千代田区富士見一-二-一一　〒一〇二-〇〇七一
電話　営業　〇三-五二一一-六五三三　ＦＡＸ　〇三-五二一一-六四八一
編集　〇三-五二一一-六四八〇　振替　〇〇一九〇-八-四〇二〇六〇

装丁　アルビレオ
イラスト　金井　淳
印刷・製本　中央精版印刷株式会社

ISBN978-4-906732-65-4